广东省高职院校高水平专业群建设项目成果
广东省高职教育实践教学示范基地项目成果
广东省黄勇强中式烹饪技能大师工作室项目成果
河源市客家菜非遗工作站项目成果

黄勇强 刘燕 吴雄昌 著

遗味相传

河源客家一桌菜

中国轻工业出版社

图书在版编目（CIP）数据

遗味相传：河源客家一桌菜 / 黄勇强，刘燕，吴雄昌著. -- 北京：中国轻工业出版社，2025. 8. -- ISBN 978-7-5184-5403-7

Ⅰ. TS971.202.653

中国国家版本馆CIP数据核字第2024K5H844号

责任编辑：方　晓　　　　责任终审：白　洁　　　　设计制作：锋尚设计
策划编辑：史祖福　方　晓　责任校对：朱　慧　朱燕春　责任监印：张京华

出版发行：中国轻工业出版社（北京鲁谷东街5号，邮编：100040）

印　　刷：鸿博昊天科技有限公司

经　　销：各地新华书店

版　　次：2025年8月第1版第1次印刷

开　　本：787×1092　1/16　印张：11

字　　数：265千字

书　　号：ISBN 978-7-5184-5403-7　定价：98.00元

邮购电话：010-85119873

发行电话：010-85119832　010-85119912

网　　址：http://www.chlip.com.cn

Email：club@chlip.com.cn

版权所有　侵权必究

如发现图书残缺请与我社邮购联系调换

242347K9X101ZBW

本书编委会

总 顾 问	何燕飞	河源日报社副总编辑　河源职业技术学院原教务处处长
顾　　问	张辉德	河源市文化广电旅游体育局四级调研员
	俞　彤	河源职业技术学院　烹饪工艺与营养专业学科带头人
	张　颖	河源职业技术学院　工商管理学院负责人
	曾惠华	河源职业技术学院　工商管理学院校企合作办主任
	肖　蓼	河源市文化馆　馆长
	杨俊峰	河源市文化馆　副馆长
	赖伟军	河源市非物质文化遗产保护中心　负责人
	李正旭	惠州城市职业学院　中餐教研室主任
	朱晓君	河源市餐饮协会　会长
	赖雪英	连平县餐饮行业协会　会长
主　　任	黄勇强　刘　燕　吴雄昌	
副 主 任	杨锦冰　谢剑锋　邹红桃　李志宇　胡国辉　梁程辉	
委　　员	蔡林玻　欧理想　陈建成　谢相剑　杨　权　杨明辉　谢东灵	
	利智富　曾善民　苏恩赐　王育慧　李楚颜　陈惠珊	
摄　　影	巫雄鹏	

协同单位　河源市文化广电旅游体育局
　　　　　　河源市文化馆
　　　　　　河源市非物质文化遗产保护中心
　　　　　　河源市客家菜非遗工作站
　　　　　　河源市餐饮协会
　　　　　　河源市烹饪行业协会
　　　　　　连平县餐饮行业协会
　　　　　　河源市深河粤菜师傅一条街
　　　　　　河源市幸福城食府
　　　　　　河源市渔舟唱晚酒店
　　　　　　东源县宝树轩酒楼
　　　　　　连平县南方酒店
　　　　　　龙川县万隆商务酒店
　　　　　　和平县世纪酒店
　　　　　　紫金县鸿禧酒家

前言

在中华大地的辽阔疆域中，客家文化以其鲜明的特色和深厚的历史底蕴，孕育了众多令人回味无穷的美食。《遗味相传：河源客家一桌菜》这部著作，正是对河源客家饮食文化独特魅力及其烹饪技艺精髓的深入探究与系统呈现。此书不仅仅是一部美食典籍，更是一场穿越历史、探寻客家非遗美食之旅。

2022年6月，河源市的"客家菜烹饪技艺"入选广东省第八批省级非物质文化遗产代表性项目，这既是对河源客家菜烹饪技艺的高度认可，也为当地旅游美食经济的发展注入了新的活力。2024年河源市政府工作报告明确指出，需进一步发展壮大"河源猪脚粉""八刀汤米粉"等特色产业，做好"客家一桌菜"，旨在将河源美食推向全国，走向世界。这一战略部署为《遗味相传：河源客家一桌菜》的撰写提供了坚实的时代背景和深远的现实意义。

《遗味相传：河源客家一桌菜》的出版，正是对《中共中央关于制定国民经济和社会发展第十四个五年规划和二〇三五年远景目标的建议》中关于加强非物质文化遗产系统性保护要求的积极响应，同时也与《中共广东省委关于实施"百县千镇万村高质量发展工程"促进城乡区域协调发展的决定》高度契合。此书不仅深入研究和传承了河源客家菜烹饪技艺这一省级非遗项目，也希望借此为地方文化、经济、社会的全面发展作出积极贡献。

河源职业技术学院作为河源市粤菜师傅培训的重要基地之一，始终致力于河源客家菜文化的传承与发展。2023年，河源职业技术学院在河源市文广旅局的管理与指导下，成功申报并获批"河源市客家菜非遗工作站"，从而积极承担起非遗客家菜烹饪技艺传承、传播和创新的重要任务。学校烹饪专业的教师们以此为使命，深入挖掘并整理了河源市各县区丰富的非遗美食资源，通过详尽地记录与整理，不仅保留了这些美食的传统制作流程和创新技艺，更揭示了其背后深厚的文化内涵与历史底蕴。

本书通过每县区两桌菜的独特呈现方式——非遗传统宴席与传承宴席，撰写了包括河源市东江河鲜非遗宴、河源深河粤菜师傅一条街县区非遗宴、龙川县非遗赵佗家宴、和平县阳明非遗一乡一品宴、紫金县非遗蓝塘土猪宴、源城桂山非遗乡土山野宴、连平县非遗老八盘宴、东源县非遗全鱼宴、槎城山茶油非遗宴等多场宴席，全面展示了河源地区独特的客家饮食文化。这些宴席既是对传统美食的致敬，也是对客家文化创新性发展的探索与实践。然而，面对当前非遗传承保护的相关研究不足、体系尚未健全的现状，我们仍需加倍努力。

我们将继续致力于客家菜烹饪技艺的传承与发展，努力将这一宝贵的文化遗产推向更高的层次。我们将通过更多的实践与研究，探索出更为有效的传承模式与保护机制，让客家菜烹饪技艺这一非遗项目在现代社会焕发出新的生机与活力。同时，我们也将积极响应中共广东省委"百县千镇万村高质量发展工程"的号召，将客家菜烹饪技艺的保护传承与乡村振兴紧密结合，通过发展乡村旅游、推广特色美食等方式，带动当地经济社会的全面发展。此外，我们还将进一步拓展研究领域，探索客家菜烹饪技艺与其他非遗项目的融合创新。我们期待通过跨界合作、文化融合等方式，为非遗保护传承注入新的活力，为中华优秀传统文化的传承与发展贡献更多的力量。

最后，我们衷心感谢所有为《遗味相传：河源客家一桌菜》这部专著付出努力的专家学者、师生员工、河源市各县区烹饪协会、各宴席制作单位、厨师以及社会各界人士。感谢你们的支持与帮助，让我们有机会深入挖掘和传承这一宝贵的文化遗产。我们将继续努力，为非遗保护传承贡献自己的力量，让中华优秀传统文化在新时代焕发出新的光彩。

本书的出版得到了广东省第一批省高职院校高水平专业群（旅游管理专业群）建设项目的经费支持（立项编号：GSPZYQ2020143），也是2024年度广东省普通高校青年创新人才类项目：非遗客家菜烹饪技艺赋能"百千万工程"发展路径研究（立项编号：2024WQNCX156）、2024年度广东省大学生"攀登计划"项目："百千万工程"背景下的"风味之路"：河源非遗客家菜烹饪技艺现状调查与传承研究（pdjh2024b650）、2024年教育部职成司三教统筹协同创新项目：百千万背景下"粤菜工匠"职业素养体系的构建、2022年广东省继续教育质量提升工程项目（立项编号：JXJYGC2022GX217）的研究成果。我们期待这部著作能够激发更多人对客家饮食文化的兴趣与热爱，促进客家文化的传承与发展。同时，也希望它能够成为连接过去与未来的桥梁，让客家美食的醇香与故事跨越时空的界限，继续滋养着这片土地上的每一个心灵。

鉴于作者的学识和时间所限，书中难免存在不足之处，我们期待在未来的探索中不断改进和提高，恳请广大读者提出宝贵的批评与建议。

作者

2024年10月

目录 CONTENTS

1 广东省非物质文化遗产——客家菜烹饪技艺概述

- 第一节　客家菜发展历史 / 11
- 第二节　河源客家菜烹饪技艺的特点 / 12
- 第三节　河源客家菜烹饪技艺代表菜 / 14
- 第四节　河源客家菜烹饪技艺的传承现状 / 16
- 第五节　国内外河源客家菜发展现状 / 18

2 广东省非物质文化遗产——客家菜烹饪技艺分类

- 第一节　水烹法 / 24
- 第二节　油烹法 / 27
- 第三节　汽烹法 / 29
- 第四节　其他烹饪方法 / 30

3 河源市东江河鲜非遗宴

- 第一节　河源市东江河鲜非遗传统宴 / 33
- 第二节　河源市东江河鲜非遗传承宴 / 39
- 第三节　河源市名优代表性东江河鲜食材农产品推介 / 45

4 河源深河粤菜师傅一条街县区非遗宴

- 第一节　河源深河粤菜师傅一条街县区非遗传统宴 / 49
- 第二节　河源深河粤菜师傅一条街县区非遗传承宴 / 56
- 第三节　河源市名优代表性粤菜师傅烹饪食材农产品推介 / 61

5 龙川县非遗赵佗家宴

- 第一节　龙川县非遗传统赵佗家宴 / 64
- 第二节　龙川县非遗一镇一味宴 / 72
- 第三节　龙川县名优代表性食材农产品推介 / 79

6 和平县阳明非遗一乡一品宴

- 第一节　和平县阳明非遗一乡一品传统宴 / 84
- 第二节　和平县阳明非遗一乡一品传承宴 / 91
- 第三节　和平县名优代表性食材农产品推介 / 97

7 紫金县非遗蓝塘土猪宴

- 第一节 紫金县非遗蓝塘土猪传统宴 / 102
- 第二节 紫金县非遗蓝塘土猪传承宴 / 109
- 第三节 紫金县名优代表性食材农产品推介 / 115

8 源城桂山非遗乡土山野宴

- 第一节 源城桂山非遗乡土山野传统宴 / 119
- 第二节 源城桂山非遗乡土山野传承宴 / 125
- 第三节 源城区名优代表性食材农产品推介 / 131

9 连平县非遗老八盘宴

- 第一节 连平县非遗老八盘传统宴 / 136
- 第二节 连平县非遗老八盘传承宴 / 141
- 第三节 连平县名优代表性食材农产品推介 / 147

10 东源县非遗全鱼宴

- 第一节　东源县非遗全鱼传统宴　/ 151
- 第二节　东源县非遗全鱼传承宴　/ 152
- 第三节　东源县名优代表性食材农产品推介　/ 157

11 槎城山茶油非遗宴

- 第一节　槎城山茶油非遗传统宴　/ 161
- 第二节　槎城山茶油非遗传承宴　/ 167
- 第三节　槎城山茶油非遗宴：历史传承与产业发展　/ 173

参考文献 / 175

1 广东省非物质文化遗产——客家菜烹饪技艺概述

第一节　客家菜发展历史

　　自古以来，客家人便以勤劳勇敢、坚韧不拔著称，他们跨越千山万水，从中原腹地迁徙至南方各地，形成了独特的族群文化。在漫长的迁徙过程中，客家人将中原的烹饪技艺与当地的食材、调味相结合，逐渐发展出了独具一格的客家菜风味体系。

　　自中原汉族因战乱、灾荒等南迁以来，客家先民们怀揣着对美好生活的向往，凭借着坚韧不拔的精神，历经千辛万苦，最终在岭南这片肥沃而神秘的土地上扎根、繁衍。他们不仅带来了中原地区先进的农耕技术和丰富的文化知识，更将这份文化的种子深深植入了这片土地。在与当地自然环境的融合过程中，客家先民们巧妙地利用了岭南地区丰富的食材资源，结合自身的饮食习惯与烹饪技艺，逐渐孕育出独具特色的客家菜风味体系。客家菜既保留了中原饮食文化的精髓，又吸收了畲族、瑶族等少数民族的饮食元素，形成了兼收并蓄、博采众长的独特风格。

　　唐宋时期，随着客家地区的经济文化逐渐走向繁荣，客家菜也迎来了其发展历程中的第一个黄金时期。在这一时期，客家先民们对食材的选取更加讲究，烹饪技艺也得到了显著提升。他们精心挑选上等的食材，如肥瘦相间的五花肉、河源特产的菜干等，通过独特的烹饪手法，创造出众多令人回味无穷的经典菜肴。其中，最为人称道的莫过于那道河源菜干煲。这道菜以河源特产的菜干为主料，辅以五花肉，经过长时间的慢火煲煮，肉质变得酥烂入味，菜干的香气与五花肉的油脂完美融合，让人一尝难忘。这道菜不仅成为客家宴席上的必备佳肴，更以其独特的魅力赢得了食客的广泛赞誉与喜爱。

　　进入明清时期，随着客家人迁徙范围的进一步扩大与对外交流的增多，客家菜开始走出岭南地区，向全国乃至海外传播。在这一过程中，客家菜不断吸收各地的饮食文化精华，与各地的风味相互融合、碰撞，形成了更加丰富多彩的菜品体系。同时，客家菜也逐渐形成了自己独特的烹饪风格和口味特点。客家人注重保持食材的原汁原味，善于运用各种香料进行调味，使得菜肴在口感上更加层次分明、回味无穷。此外，客家菜还擅长制作腌制食品，如咸菜、腊肉等，这些食品风味独特、耐储存，成为客家文化的重要组成部分。

进入近现代以来，随着社会的快速发展与人们生活水平的显著提高，客家菜也迎来了新的发展机遇。在保留传统精髓的基础上，客家菜不断创新发展，积极融入现代元素与时尚理念。许多客家餐厅开始推出创意菜品与主题宴席，以满足不同消费者的需求与喜好。这些菜品在传承客家菜传统风味的基础上，融入了现代烹饪技艺与食材元素，使得客家菜在保持传统魅力的同时更加符合现代人的口味与审美。同时，客家菜也积极参与国际交流与合作，向世界展示中华美食文化的独特魅力与深厚底蕴。在国际美食舞台上，客家菜以其独特的烹饪技艺与深厚的文化内涵赢得了广泛的认可与赞誉。

如今，客家菜已经成为中国饮食文化中重要的组成部分之一。其独特的烹饪技艺、深厚的文化底蕴以及广泛的影响力使得越来越多的人开始关注并喜爱上这道美食。在未来的发展中，客家菜将继续保持其独特的魅力与活力，不断创新发展、追求卓越。它将继续承载着客家文化的精髓与智慧走向更加辉煌的明天，在中华美食文化的传承与发展中绽放出更加璀璨的光芒。

第二节　河源客家菜烹饪技艺的特点

河源客家菜烹饪技艺，作为广东省非物质文化遗产宝库中的一颗璀璨明珠，不仅承载着厚重的历史与文化底蕴，更在广东客家菜系中占据着举足轻重的地位。这一技艺深深根植于中原饮食文化的沃土，历经南迁的洗礼，与岭南独特的自然风貌和人文情怀相融合，同时汲取了畲族等当地民族以及广府菜饮食文化的精髓，最终展现出别具一格、风味卓绝的特色。

一、独特风味，匠心独运

河源客家菜以其咸、熟、香的鲜明特色闻名遐迩。在食材选择上，它偏爱肉类，尤其是当地优质的土鸡、猪肉等，通过精湛的烹饪技艺，将食材的本真之味发挥得淋漓尽致。调味上，河源客家菜重油、偏咸，这种独特的风味既是对传统饮食文化的坚守，也是对食客味蕾的极致诱惑。砂锅菜作为其中的一大亮点，更是将食材的香浓与砂锅的保温特性完美融合，每一口都是浓郁的乡土风情。

二、经典之作，回味无穷

谈及河源客家菜的经典，东江盐焗鸡与客家酿豆腐无疑是其中的佼佼者。东江盐焗鸡选用家养土鸡，经精心盐腌后，再以独特技法焗制而成，皮爽肉嫩，咸香四溢，令人回味无穷。而客家酿豆腐则以豆腐为基底，在馅料中巧妙融入肉蓉、虾米等食材，口感鲜美、层次分明，令人赞不绝口。

除了东江盐焗鸡与客家酿豆腐，河源客家菜还有许多令人垂涎的美味。比如，东源义合鸭便是其中一道经典之作。这道菜选用东源义合清水鸭与当地的鸭料，二者相得益彰，入口肉质清甜，色泽金黄，令人难以忘怀。

此外，河源的河鲜和湖鲜也是不可错过的美味。得益于万绿湖丰富的水资源，这里的河鱼、河虾等水产品肉质鲜嫩，口感极佳。无论是清蒸、红烧还是煎炸，都能将河鲜的鲜美发挥到极致，让人一尝难忘。

三、传承发展，焕发新生

近年来，河源市积极响应上级部署，全力推进"河源客家菜师傅"工程，不仅促进了烹饪技艺的传承与发展，更将河源的绿色优质食材推向了更广阔的市场。通过与粤港澳大湾区的紧密合作，河源已成为大湾区的重要食材供应基地，为当地经济社会发展注入了强劲动力。

河源市在推进"河源客家菜师傅"工程的过程中，不仅注重技艺的传承，还积极探索创新之路。他们结合现代烹饪技术，对传统客家菜进行改良和升级，使其更加符合现代人的口味和健康需求。这一举措不仅让客家菜焕发了新的生机，也吸引了更多年轻人的关注和参与。

同时，河源市还充分利用自身丰富的自然资源，发展绿色农业和生态养殖，为客家菜提供了源源不断的优质食材。这些食材不仅品质上乘，而且富含营养，为客家菜的美味口感提供了坚实的保障。随着河源客家菜在粤港澳大湾区市场的知名度不断提高，越来越多的餐饮企业和消费者开始青睐这些绿色、健康、美味的食材，为河源市的农业产业带来了更多的发展机遇。

此外，河源市还积极推动客家文化的传播和交流。他们通过举办客家美食文化节、客家饮食文化展览等活动，让更多的人认识和了解客家饮食文化，感受客家人的热情好客和勤劳智慧。这些活动不仅丰富了人们的文化生活，也促进了客家饮食文化的传承和发展。

四、八大特色，彰显魅力

河源客家菜的烹饪技艺，作为广东省非物质文化遗产的瑰宝，同时也是中华饮食文化宝库中的一颗璀璨明珠。它凭借其独特的魅力和韵味，吸引了越来越多的食客前来探索和品尝，为传承和发展中华饮食文化作出了重要贡献。河源客家菜具有以下八大特色。

（一）味道鲜美

强调"鲜"是河源客家菜的一大特点，重视食材的新鲜程度，追求食物的原汁原味，讲究鸡有鸡味、鸭有鸭味、鱼有鱼味。河源地处东江中上游，水环境质量好，其烹饪技艺普遍使用蒸、酿、煲、炖、上汤、白灼等方法，能较好地保留住食材的"鲜"味，例如天光牛肉、紫金八刀汤、龙川鱼生、新港焗鱼头、车田豆腐、亮堂牛肉丸等。

（二）本土用料

坚持本土化原则，选用当地特产食材，既保证了菜肴的品质与口感，也体现了对本土文化的尊重与传承。

（三）菜肴丰富

从盐焗鸡到酿豆腐，从红焖肉到八刀汤，每一道菜都独具特色，满足了食客多样化的味蕾需求。这里汇聚了众多代表性菜肴，例如东江盐焗鸡、客家酿豆腐、客家红焖肉、客家酿三宝、梅菜扣肉、东源娘酒焗鸡、下车蒸灰水粄、水绿菜炒猪肠、客家蛋饺煲、紫金八刀汤、河源三杯鸡，等等。

（四）融合创新

在传承中创新，在创新中发展。河源客家菜巧妙融合本地烹调技法与外国独特食材，创造出了一系列新颖独特的美食佳肴。

（五）保留传统

较好地保留了中原饮食文化的特色，如客家擂茶、八宝鱼生等，都是对传统文化的传承与延续。

（六）烹调多样

擅长运用多种技法进行烹饪，无论是煎、炸、炒、烧还是炆、焗等，都能在其菜肴中得到完美展现。

（七）造型古朴

菜肴造型追求古朴典雅，具有浓厚的乡土风貌，给人以质朴实在之感。

（八）文化底蕴深厚

众多菜品不仅以其独特的口感和烹饪工艺著称，更承载着丰富的历史积淀与文化精髓。从东江盐焗鸡的咸香四溢，到客家酿豆腐的细腻温婉，再到八宝鱼生的清新雅致，每一道佳肴都是时间与智慧的结晶，蕴含着深厚的历史情感与丰富的文化记忆。

第三节　河源客家菜烹饪技艺代表菜

河源，这座镶嵌于岭南大地之上的历史名城，不仅以其绮丽的自然风光和深厚的文化底蕴闻名遐迩，更因其独特的客家菜烹饪技艺而享誉四海。在河源丰富多彩的餐饮文化中，客家菜犹如一颗璀璨的明珠，熠熠生辉，占据着举足轻重的地位。

河源客家菜的菜品种类繁多，从经典的盐焗鸡、酿豆腐到红焖肉、八刀汤等，每一道菜都独具特色，风味各异。这些菜肴不仅满足了食客多样化的味蕾需求，更展现了客家人民对美食的热爱与追求。以下是河源客家菜烹饪技艺的代表菜肴。

一、车田酿豆腐

此菜是将车田豆腐切成对角形，于其中央挖一小洞，以香菇、碎肉、葱等食材填充，经过煎制与焖煮等工序制成。此菜口感鲜嫩滑香，营养丰富，是客家地区逢年过节时的一道传统佳肴。车田酿豆腐于2015年被列入河源市第五批市级非物质文化遗产名录。

二、客家盐焗鸡

此菜采用独特制法，以鸡肉为主料，配以盐、姜、葱等调料腌制后，以粗盐古法焗制而成。其味道香浓，皮爽肉滑，色泽微黄，皮脆肉嫩，骨肉鲜香，常用于本地宴会。客家盐焗鸡于2024年被列入河源市第九批市级非物质文化遗产名录。

三、紫金八刀汤

此汤以猪肉为主料，将猪的八个部位切成片，煮熟后加入葱花、姜末、胡椒粉等调料制成。此汤口感鲜美，营养丰富。紫金八刀汤于2015年被列入河源市第五批市级非物质文化遗产名录。

四、紫金牛肉丸

紫金牛肉丸是一道具有地方特色的名菜，因产于广东紫金而得名。其历史悠久，发源地在龙窝镇，当地牛肉丸被誉为"天光牛肉丸"，需选用天亮前宰杀的新鲜牛肉制作，以确保肉质鲜美。紫金牛肉丸于2015年被列入河源市第五批市级非物质文化遗产名录。

五、铁炉功夫汤

铁炉功夫汤是一道传统河源特色菜，属于炖汤类，深受河源人喜爱，其历史可追溯至光绪末年（1908年），至今已逾百年。此汤主要食材包括灵芝、当归、龟肉和鸡肉等，将这些食材放入铁炉中慢炖，使营养成分充分融入汤中。煲制而成的铁炉功夫汤味道浓郁，入口回甘。铁炉功夫汤于2020年被列入河源市第八批市级非物质文化遗产名录。

六、五指毛桃龙骨汤

此汤为河源地方传统名汤，在当地广为流传。此汤主要原料为五指毛桃和猪龙骨，具有清热祛湿、清肝润肺等功效，汤味鲜美、香气扑鼻、营养丰富。

七、客家酿三宝

此菜将酿苦瓜、酿辣椒和酿茄子合为一盘，煎制后一同焖煮，味道醇厚，豉香味浓郁。此菜色泽多样，形态美观，味道独特。

八、连平薯丝煲

此菜选用连平特产红薯丝，配以多种调料，用鸡汤煮制而成。薯丝口感爽滑，不涩口，美味香浓。

九、上汤桂花鱼

此菜选用万绿湖特产桂花鱼，去鳞、宰净、起肉、切块、斩骨；煎焖鱼肉与鱼骨，加入二汤煮至奶白色，盛入碟中，将菜远煨熟，摆放在菜式两边即成。此菜汤色乳白，口感鲜美，清甜嫩滑。

十、韭菜炒河虾

此菜主要原料包括虾、韭菜、鲜红椒等。成品虾营养丰富，肉质松软易消化，虾中含有的微量元素镁对心脏功能具有重要调节作用。

十一、乳鸽酿猪肚

此菜将猪肚洗净，填入白果仁、胡椒、江珧柱、薏米、水发冬菇、精盐、乳鸽等食材，露出鸽头于小孔外，蒸约3h至软烂。其造型自然古朴，乳鸽细嫩，猪肚脆香。

十二、古法咸香鸡

此菜做法简便，将家鸡洗净整只炖煮，捞起后在鸡身拍打盐巴腌制2h，砍件食用。此菜皮脆肉滑，味道咸香，营养丰富，有益五脏、补虚亏、健脾胃等。

十三、娘酒醉河虾

此菜原为客家妇女坐月子的主要补品，现已成为一道受欢迎的菜肴。其以河虾为主料，用娘酒烹饪而成，风味独特。

第四节　河源客家菜烹饪技艺的传承现状

河源客家菜烹饪技艺的传承现状，在当今社会呈现出了多元化与复杂化的特点。一方面，随着现代化进程的加速，许多传统技艺面临着失传的危机，年轻一代对于传统烹饪技艺的兴趣和投入逐渐减少，使得河源客家菜烹饪技艺的传承链条出现了断裂的风险。另一方面，也有许多热爱河源烹饪技艺的有识之士，积极投身于河源客家菜烹饪技艺的传承与发扬工作中。他们通过开设培训班、举办烹饪比赛、编写教材等方式，努力将这一宝贵的文化遗产传承给下一代。

同时，一些具有创新精神的厨师，也在传统技艺的基础上，融入现代元素，创造出了一系列既符合现代人口味又不失传统风味的客家菜肴，为河源客家菜烹饪技艺的传承注入了新的活力。河源客家菜烹饪技艺的传承方式主要包括以下几种。

一、师徒传承

师傅通过言传身教，将烹饪技巧和经验传授给徒弟。在实际操作中，师傅会指导徒弟如何选择食材、掌握火候、调味等，而徒弟则通过观察和实践来学习和传承技艺。这种方式强调个人的亲身体验和长期实践。例如，河源客家菜师傅在传授厨艺时，会考虑徒弟的个人仪容仪表、人品、性格等，认为具有良好人品和和善性格的徒弟才会认真制作菜肴，确保菜品的品质。

二、家族传承

在一些家族中，客家菜烹饪技艺得以代代相传。家族成员自幼在长辈的教导以及家庭氛围的熏陶下，学习并传承家族特有的烹饪技艺和风味。例如，河源江东新区古竹镇的麻蛋仔制作技艺，经过杨氏家族五代技艺制作传承人的共同努力，得以传承至今。

三、职业教育

河源职业技术学院、河源技师学院等开设了相关专业课程，培养客家菜烹饪方面的专业人才。学校通过系统的理论教学和实践操作，让学生掌握客家菜的烹饪知识和技能。例如，河源职业技术学院会开展客家菜师傅培训，努力培养一批会做客家菜、懂营养搭配、有客家饮食文化基础的客家菜师傅技能人才队伍。

四、比赛交流

厨师们通过参加各类烹饪比赛和交流活动，展示自己的技艺，与其他厨师相互学习、交流经验，从而推动客家菜烹饪技艺的传承和创新。例如，河源职业技术学院在2021年度和2022年度连续两年荣获广东省高职院校烹饪技能大赛一等奖。河源职业技术学院的学生在第五届粤港澳大湾区"粤菜师傅"技能大赛中大展厨艺，其中何梓轩获得中式烹调赛区新秀组一等奖。他的"蜂巢提篮酿乳鸽"这道菜肴以其独创性的技法和精准的火候把握，征服了评委们的味蕾。

五、文化挖掘和整理

对河源客家菜的历史文化进行挖掘、整理和研究，通过文献记载、民间故事等来了解菜式的构成、烹饪方法的起源，并结合当下饮食习惯进行改良和创新。例如，市级非遗代表性传承人黄勇强多次前往龙川佗城了解赵佗饮食文化，通过整理相关文献，复刻赵佗家宴菜式，并加以改良。

六、产业发展带动

随着河源客家菜产业的发展，越来越多的人投身于客家菜的制作和经营。在产业发展过程中，烹饪技艺得到传承和推广，同时也不断有新的创意和发展。河源市政府主动作为，大力开展"粤菜师傅"技能培训，高质量推进"粤菜师傅"工程，并搭建起非遗传承和发展的开放性工作平台。

七、培养创新意识

鼓励厨师在传承传统技艺的基础上进行创新，开发新的菜式和烹饪方法。一些厨师会从其他菜系或国际烹饪中汲取灵感，与客家菜的特点相结合，创造出新颖的菜品。例如，客家菜烹饪技艺传承人黄勇强的学生在河源米粉厨王争霸赛上，将外国独特香料食材与客家食材结合，即泰国冬阴功汤搭配河源米粉，获得评委青睐，并获得第五名的好成绩。

八、社区活动

社区组织的烹饪比赛、烹饪课程和文化活动，为居民提供了学习和交流客家菜烹饪技艺的机会，增强了社区成员对传统饮食文化的认同感和参与度。

第五节　国内外河源客家菜发展现状

河源客家菜以其独特的烹饪技艺和深厚的文化底蕴，逐渐赢得了广大消费者的青睐。随着餐饮市场的不断繁荣，河源客家菜餐厅如雨后春笋般涌现，不仅在大城市占有一席之地，也逐渐向小城镇和乡村扩展。这些餐厅不仅注重菜品的传统风味，还不断推陈出新，将传统与现代元素巧妙结合，创造出更多符合现代人口味的新式客家菜。

同时，政府和社会各界也加大了对河源客家菜文化的宣传力度，通过举办美食节、文化展览等活动，让更多人了解并喜爱上这一地方特色美食。此外，一些厨师和餐饮企业还积极寻求与国际市场的接轨，将河源客家菜推向世界舞台，让全球食客都能品尝到这一独特的中华美食。

一、国内发展特点

（一）品牌化与连锁经营

近年来，河源客家菜在国内市场的品牌化进程显著加速，不仅涌现出"客语""客家班""客鼎""新客家"等家喻户晓的知名品牌，这些品牌更以惊人的速度在全国范围内开设分店，形成了庞大的连锁经营网络。这些品牌由河源籍的创始人倾心打造，他们凭借对客家菜文化的深刻理解与独特见解，将传统客家美食与现代餐饮理念巧妙融合，成功实现了客家菜餐饮行业的规模化与标准化发展。

以"客语"为例，该品牌自成立以来，始终坚持以传承客家文化、弘扬客家美食为己任，不断挖掘客家菜的历史底蕴与文化内涵，将其融入每一道菜品之中。同时，"客语"还注重菜品的创新与研发，根据现代消费者的口味需求与饮食习惯，不断推出新品，赢得了广大食客的喜爱与好评。目前，"客语"已在全国多个城市开设分店，成为客家菜餐饮行业的佼佼者。

（二）预制菜的兴起与挑战

随着食品工业的快速发展，客家菜预制菜逐渐崭露头角，成为餐饮市场的新宠。梅菜扣肉、盐焗鸡等经典客家菜品以预制菜的形式进入市场，不仅有效降低了餐饮运营成本，还拓宽了消费者的选择范围。然而，预制菜市场在快速发展的同时，也面临着食品安全与品质控制的严峻挑战。

为了应对这些挑战，客家菜预制菜企业纷纷加强自律与监管，建立健全质量管理体系与食品安全追溯体系。他们严格筛选食材供应商，确保原材料的质量与安全。同时，他们还采用先进的生产工艺与设备，对预制菜进行标准化、规范化生产，确保产品的口感与品质始终如一。此外，企业还注重品牌建设与市场推广，通过提升品牌形象与知名度，增强消费者对客家菜预制菜的信任与认可。

（三）文化传承与创新融合

河源客家菜从业者深知文化传承与创新融合的重要性，他们积极在二者之间寻找平衡点，既保留传统烹饪技艺的精髓，又根据现代饮食趋势进行创新。通过改良烹饪方法、开发新菜品及举办文化交流活动等形式，他们不断增强客家菜与现代消费者的连接与互动。

在2024年5月，河源客家菜烹饪技艺非物质文化遗产工作站与香港饮食总工会携手合作，成功举办了港河厨艺交流活动，让参与者得以深入体验东江地区的饮食文化。此次活动不仅加深了香港与河源两地在饮食文化传承与创新方面的交流，还向人们展示了河源客家菜如何在保留其传统特色的基础上，与高端餐饮业进行融合。

以客家菜唯一黑珍珠餐厅——客·AKEN'S KITCHEN私房菜为例，其名称中的"客"代表"客家人"，而AKEN则是主厨的名字，体现了河源客家人的烹饪传统。AKEN以自己的名字打造了一家属于客家菜的餐厅，每一道菜都与客家文化紧密相连。

客家菜的特色可以用"无鸡不清、无肉不鲜、无鸭不香、无肘不浓"来概括，这些传统菜色经过岁月的传承，至今仍保持着其独特的风味。河源水绿菜素翅是一道融合了传统与现代的精彩菜品，它采用晾干水分的芥菜自然焖泡而成，保留了客家水绿菜的酸脆，并与煲好的素翅烩炒，增添了香味，呈现出浓香与爽脆的口感。而九蒸九晒梅菜扣巴西公胶则选用了经过九次蒸晒的梅干菜，主厨独特的处理方法最大限度地保留了梅菜的香气，与巴西公胶的胶质炖煮入味,外形工整,成为该店的招牌之一。

通过这些菜品,河源客家菜不仅展示了其烹饪技艺的精湛,还让食客在享受美食的同时,深入了解客家食材的文化传承与创新融合。

(四)地方特色与跨区域融合

各地区客家菜在保持各自独特性的同时,也促进了相互间的交流与融合。通过非遗美食交流活动等形式,客家菜文化得以广泛传播与共同发展。这些活动不仅加深了各地客家菜从业者之间的了解与友谊,还促进了客家菜文化的传承与创新。

例如,在广东省内举办的客家美食文化节上,来自不同地区的客家菜大厨们纷纷亮出自己的拿手好菜,为现场观众带来了一场视觉与味觉的盛宴。这些菜品不仅展现了各地客家菜的独特风味与烹饪技艺,还促进了各地客家菜文化的交流与融合。同时,这些活动还吸引了众多国内外游客前来参观体验,进一步提升了客家菜文化的知名度与影响力。

二、国际影响与发展

(一)全球分布与影响力

客家人遍布世界各地,他们将客家菜带到了东南亚、北美、欧洲、大洋洲等多个地区,形成了广泛的国际影响力。客家菜以其独特的风味与丰富的文化内涵成为中华美食在海外的重要代表之一。无论是在繁华的都市还是偏远的乡村都能找到客家菜的身影。这些餐馆不仅为当地华人华侨提供了家乡的味道与情感寄托,还吸引了众多国际食客前来品尝体验。

(二)独特菜系的形成

客家菜以其鲜明的风味特色、丰富的肉类食材运用以及精湛的烹饪技艺在中华美食体系中独树一帜。传统菜品如客家盐焗鸡、酿豆腐等不仅承载着客家人的饮食记忆,还以其独特的口感与风味吸引了无数国际食客的青睐。这些菜品不仅展示了客家菜独特的烹饪技艺与文化底蕴,还成为连接不同文化与民族的桥梁与纽带。

(三)文化传播的桥梁

客家菜不仅是海外华人华侨情感寄托与文化传承的重要载体,还是外国人了解客家文化、中华文化的窗口。通过品尝客家菜,国际食客们可以感受到中华美食的博大精深与独特魅力,进而增进对中华文化的了解与认同。同时,客家菜也促进了不同文化之间的交流与理解,增强了中华文化的国际影响力与软实力。

三、面临的挑战与应对策略

在国内外市场的广阔舞台上,河源客家菜这一独特的饮食文化瑰宝正面临着前所未有的发展机遇与挑战。作为广东省非物质文化遗产的重要组成部分,"客家菜烹饪技艺"不仅承载着深厚的历史文化底蕴,更是中华民族饮食智慧的结晶。然而,在全球化、现代化的浪潮中,如何保持客家菜的传统韵味,同时融入创新元素,提升其品牌影响力,传承并发扬光大这一烹饪技艺，成为摆在我们面前的重要课题。

首先，保持传统与创新是河源客家菜发展的关键所在。传统是根基，是客家菜独特风味的源泉；创新则是活力，是推动客家菜不断向前发展的动力。在保留客家菜传统制作工艺和食材选择的基础上，我们可以尝试将现代烹饪技术和食材融入其中，创造出既符合现代人口味又不失传统风味的客家菜肴。例如，利用现代科技手段对食材进行精细化处理，提升菜肴的口感和营养价值；结合不同地域的饮食文化，推出具有客家特色的融合菜品，满足不同消费者的需求。

其次，提升品牌影响力是河源客家菜走向世界的必经之路。品牌是产品质量的保证，是消费者信任的基础。为了提升客家菜的品牌影响力，我们需要加强品牌建设与市场推广。一方面，可以通过举办客家美食文化节、烹饪大赛等活动，提高客家菜的知名度和美誉度。另一方面，可以积极利用互联网、社交媒体等新媒体平台，扩大客家菜的传播范围和影响力。同时，加强与国际餐饮界的交流与合作，推动客家菜走出国门，走向世界。

再次，传承烹饪技艺是客家菜得以持续发展的重要保障。客家菜烹饪技艺历经数百年传承，凝聚了无数前辈的心血和智慧。为了确保这一宝贵财富得以延续，我们需要鼓励烹饪技艺的传承与创新。一方面，可以通过设立传承人制度、举办烹饪技艺培训班等方式，培养更多具备高超技艺和深厚文化底蕴的烹饪人才；另一方面，可以引导烹饪人才在传承的基础上进行创新尝试，推动客家菜烹饪技艺的不断发展和完善。

最后，利用现代科技手段提升客家菜的生产效率与服务质量也是不容忽视的重要方面。随着科技的进步和发展，数字化、智能化技术已经渗透到我们生活的方方面面。在客家菜产业中，我们也可以充分利用这些技术来提升生产效率和服务质量。例如，通过引入智能化厨房设备、建立数字化管理系统等方式，实现生产过程的自动化和智能化；利用大数据分析消费者需求和行为习惯等信息，为消费者提供更加个性化、精准化的服务体验。

河源客家菜的发展需要政府、行业、企业及个人多方协作共同努力。通过加强品牌建设与市场推广、提升产品质量与食品安全标准、鼓励烹饪技艺的传承与创新以及利用现代科技手段提升生产效率与服务质量等措施的实施和推进，我们有理由相信客家菜这一非物质文化遗产将焕发出更加璀璨的光芒并走向世界舞台的中央，让更多人领略到其独特的魅力和韵味。

2 广东省非物质文化遗产——客家菜烹饪技艺分类

　　河源客家先民大多由中原地区迁入，那里拥有悠久而丰富的烹饪艺术传统。早在汉代，烹饪技术就已经出现了两大重要的分工：一方面是炉灶与案板的分工，另一方面则是红案与白案的分工。在烹调技法方面，人们开始运用杂烩和涮法这两种新的烹饪方法。到了唐代，烹饪技术又有了新的突破，人们发明了冰制和冷淘这两种独特的技术。在南北朝时期，烹饪方法进一步丰富多样。特别是南北朝时期发明的炒法，极大地推动了烹饪技术的发展，使其达到了一个新的高度。客家人在烹制菜肴时，不仅继承了中原的传统烹饪技法，还吸收了南方本地的古老技艺，并随着时代的演进不断创新，使得河源客家菜系在中华美食中独树一帜。

　　河源客家菜的烹饪方法丰富多彩，除了其他菜系常用的水烹、油烹、汽烹、火烹等传统烹饪方式外，河源客家人还擅长使用古老的石烹技术。例如，他们常常利用沙子来炒猪皮、粄皮、花生、板栗、瓜子等食材，使得食物在沙子的包裹下均匀受热，保留了食材的原汁原味。此外，竹烹也是河源客家菜的一大特色，河源客家人善于利用竹子的天然特性来烹饪美食。比如，竹筒饭就是将米和各种配料放入竹筒中，经过火烤或蒸煮，使得米饭带有竹子的清香。竹筒鸡、竹筒排骨、竹筒杂烩等菜肴同样深受人们喜爱，这些菜肴不仅味道独特，而且充满了浓郁的乡土气息。

　　在赣闽粤山区，由于地理环境的限制，不适宜种植能够磨成面粉的种子，客家人便巧妙地在豆腐中填入肉馅，制作出形似饺子的酿豆腐。这种酿豆腐既是对北方吃饺子习俗的一种传承，也是一种创新。它不仅保留了北方饺子的风味，还融入了客家人的独特风味，使得这道菜肴在口感和味道上都有别具一格的特色。

　　客家人还首创了盐烹的独特烹饪方法。例如，传统的东江盐焗鸡，就是将整只鸡埋在烧热的盐中，利用盐的高温传递，使鸡肉熟透。这种方法使得鸡肉外皮酥脆，内里鲜嫩多汁，风味独特。与淮扬菜系中的泥烹叫花鸡一样，东江盐焗鸡也享有盛誉，成为客家菜中的经典之作。

与沿海和平原地区相比，客家地区由于地理位置相对较为闭塞，烹饪原料的选择受到了一定的限制。然而，客家人以其勇于创新的精神，将烹饪技术发挥得淋漓尽致，巧妙地利用同一种主原料，通过不同的烹饪方法，制作出多种风味独特的菜肴。例如，鸡肉这种常见的食材，在客家厨师的手中可以变化出多种不同的美味佳肴。他们可以将鸡肉做成盐焗鸡，这种菜肴以其独特的咸香和酥脆的口感深受人们喜爱；也可以做成三杯鸡，浓郁的酱汁和香辣的味道让人回味无穷；白斩鸡则保留了鸡肉的原汁原味，配上特制的蘸料，别有一番风味；客家咸鸡则是将鸡肉与盐的鲜美完美结合，口感咸香，保存时间较长；水晶鸡则是河源客家地区的特色菜肴，以其独特的烹饪工艺和风味，成为河源客家菜中的经典之作。再比如鸭肉，客家人同样能够将其烹饪出多种不同的风味。仔姜炒仔鸭将鲜嫩的鸭肉和辛辣的仔姜相结合，口感独特；姜油鸭则是将鸭肉与姜油的香气融合，味道浓郁；河源义合鸭则是鸭香味浓，营养丰富；清蒸腊板鸭则是将鸭肉的鲜美和腊味的醇厚相结合，风味独特。万绿河鲜在河源客家菜中也是常见的食材，河源客家人能够烹制出多种不同风味的鱼肴。尖椒炒鱼仔以其鲜辣可口，深受人们喜爱；生焗鱼头则是将鱼肉的鲜美与紫金酱的香气相结合，口感独特；酒糟杂鱼则是将鱼肉与酒糟的香气相结合，味道醇厚；上汤鱼丸则是将鱼肉做成丸子，口感弹牙，汤浓味鲜。一鱼多味，烹饪出多种不同的菜肴。通过这些多样化的烹饪方法，河源客家人不仅克服了原料选择有限的困难，还创造出了丰富多彩的美食文化。

根据初步的统计数据，我们了解到在烹制客家菜的过程中，所采用的烹饪方法多达四五十种。这些烹饪方法的巧妙运用，令人不禁为之赞叹。例如，在烹饪过程中，爆炒技术的运用尤为引人注目。在熊熊火焰的映照下，伴随着呼呼的风声和厨具碰撞的清脆响声，厨师们以精湛的技艺，手法熟练地翻炒着食材，其动作流畅如行云流水，仅需一两分钟便能迅速完成一道佳肴。将爆炒技艺比作杂技表演和魔术变幻，实不为过，因为其速度之迅捷、技巧之高超，确实令人赞叹不已。

客家菜的精细烹饪还体现在制作一道菜时，往往需要结合多种烹饪方法。以客家名菜梅菜扣肉为例，这道菜的制作过程需要经过汆、煮、炸、煎、蒸等多种工序。首先，将猪肉汆水去除杂质，然后煮至半熟，接着炸至表皮酥脆，再用煎的方式使其表面金黄，最后通过蒸的方式使猪肉与梅菜干的味道相互渗透，最后经过炖煮使味道更加浓郁。这一系列复杂的工序，使得最终的梅菜扣肉肥而不腻、荤素和谐、味重醇厚，呈现出绝妙的口感。正是这些多样化的烹饪方法和精细的制作工艺，使得客家菜在中华美食中独树一帜，深受人们的喜爱。

第一节 水烹法

一、煲

煲，是把原料和水放在汤煲里面，盖上煲盖，用中慢火长时间加热，把原料加热至成熟后再调味的一种烹调方法。

1. 煲的特点

煲类菜肴，汤水味鲜浓醇，肉料软烂。首先，在煲之前对于不同的原料要采用不同的方法去除异味；其次，煲汤时宜用中慢火，并且要加盖，中途不能加水和熄火；最后，煲的时间要足，煲好后再进行调味。

2. 煲的分类

（1）清煲法　清煲法是将新鲜的肉类或蔬菜等原料放入煲中，加入清水或清汤，用中慢火长时间煲煮，直至原料熟透，汤汁清澈，味道鲜美的烹调方法。清煲法特别适合于煲制汤品，如排骨煲苦瓜，能够最大限度地保留食材的原汁原味。

（2）浓煲法　浓煲法是在煲制过程中，通过加入适量的调味品，如酱油、豆瓣酱等，使煲出的菜肴汤汁浓郁，味道醇厚。这种方法适用于肉类和豆制品等原料，煲出的菜肴色泽红亮，味道丰富，如红烧肉煲。

（3）药膳煲法　药膳煲法是在煲制过程中，加入具有药用价值的中草药或药材，如枸杞、红枣、当归等，使煲出的菜肴不仅美味，还具有一定的保健功效。这种方法特别适合于煲制滋补汤品，如乌鸡汤、羊肉汤等。

3. 煲的工艺流程

刀工处理 → 腌制 → 下锅 → 大火烧开 → 中小火煲制 → 装盘成菜

二、煮

煮，是把加工好的原料放在炒锅、砂锅或汤煲里面，加入适量汤水和调味料，用中慢火把原料加热至成熟的一种烹调方法。

1. 煮的特点

煮制的菜肴汤汁清澈，原料口感鲜嫩，营养成分保存较好。

2. 煮的分类

（1）清煮法　清煮法是将原料放入清水中，不加任何调味品，仅用盐和葱姜等简单调料进行烹煮，以突出原料本身的鲜美。这种方法适用于新鲜的海鲜和蔬菜，如清煮虾、清煮时蔬等。

（2）汤煮法　汤煮法是在煮制过程中加入一定量的汤水或高汤，使菜肴汤汁浓郁，味道鲜美。这种方法适用于各种肉类和豆制品，如牛肉汤、豆腐汤等。

（3）药膳煮法　药膳煮法是在煮制过程中加入具有药用价值的中草药或药材，如枸杞、红枣、当归等，使煮出的菜肴不仅美味，还具有一定的保健功效。这种方法特别适合于煮制滋补汤品，如当归鸡汤、枸杞猪肝汤等。

（4）娘酒煮法　客家娘酒煮法是将老姜和生料爆炒，放入适量的客家娘酒和水，放入盐。成菜以突出酒香味为主，是客家妇女坐月子必吃的菜肴。

3. 煮的工艺流程

选择原料 → 初步加工 → 刀工处理 → 入锅煮制 → 调味 → 装盘成菜

三、炖

炖是将经过特定处理的食材放入炖锅或其他陶瓷容器中，加入水或新鲜的汤，然后用旺火加热至沸腾，随后转为小火或微火继续炖煮，直到食材变得柔软和嫩滑的一种烹调方法。

1. 炖的特点

汤汁醇厚，食材鲜美，营养丰富，口感绵软。

2. 炖的分类

（1）隔水炖法　将食材焯水后彻底清洗，随后置入瓷质或陶质容器中，加入葱、姜、料酒等调味料以及适量汤汁。接着密封容器，将其置于水锅中，盖紧锅盖，用大火煮沸产生蒸汽，直至食材变得熟软、酥烂。

（2）煲炖法　煲炖法直接将食材、调味料和汤汁放入砂锅中，以小火慢炖至食材熟软、酥烂。

3. 炖的工艺流程

选择原料 → 进行初步加工 → 刀工处理 → 初步热处理 → 加入汤料及调味 → 进行炖制 → 完成装盘成菜

四、扒

扒是将食材经过初步的热处理，随后进行切配或整块入锅。接着，加入汤汁和调味料，先用旺火煮沸，再转为中小火慢慢加热，直至食材变得酥软。之后，调至中火勾芡，翻炒均匀后，确保食材保持完整形态，最后装盘成菜的一种烹调方法。

1. 扒的特点

菜肴色泽光亮，质地软嫩，汤汁浓稠，味道鲜美，菜肴层次分明，口感丰富。

2. 扒的分类

（1）汁扒法　加入适量的汤汁和调味料，大火煮开，调至中火勾芡，把芡汁淋在底菜上，使菜肴口感丰富，色泽鲜明。

（2）料扒法　将食材经过初步热处理后，整齐地覆盖或围边底菜，使菜肴层次分明、口感丰富。

3. 扒的工艺流程

选择原料 → 进行初步加工 → 刀工处理 → 初步热处理 → 加入汤料及调味 → 进行扒制勾芡 → 装盘成菜

五、灼

灼是将原料加工成片、丝、条等极易成熟的形状，然后对其上浆（或不上浆），接着将原料放入烧沸的鲜汤或水中，经旺火短时间加热成菜以佐料蘸食的烹调方法。

1. 灼的特点

原料成熟迅速，保持了食材的鲜嫩和营养成分，口感爽脆，色泽鲜亮。

2. 灼的分类

（1）白灼法　将原料腌制入味后，或不要腌制，放入沸水中，不加任何调味品，仅用清水快速烫熟，以保持原料的原味。

（2）调味灼法　在灼制过程中加入适量的调味品，如盐、味精、葱、姜等，使原料在保持鲜嫩的同时，增加风味。

3. 灼的工艺流程

挑选原料 → 进行初步加工 → 刀工处理 → 上浆（或不上浆） → 灼制 → 捞出装盘 → 配制蘸料

六、浸

浸是以液体传热，用慢火使肉料加热至熟，然后淋芡或淋味汁（或跟蘸料）的一种烹调方法。

1. 浸的特点

浸的菜肴用料较为广泛，菜肴具有肉滑鲜嫩的特点。

2. 浸的分类

（1）水浸法　水浸法是将生料放入沸水中浸泡至刚熟，菜肴多选用鱼类做原料，具有肉质鲜嫩幼滑的特点。

（2）汤浸法　汤浸法是将生料直接放入微沸的汤液中，慢火加热，把肉料浸泡至刚熟，然后淋芡或以蘸料食用的一种方法。菜肴多选用整只的家禽，具有保存原味，清鲜爽滑的特点。

（3）油浸法　油浸法是将生料放入微沸的热油中，用慢火浸至刚熟，淋上热汁或以蘸料食用的一种方法。菜肴多选用海鲜，具有保存原味、清鲜爽滑的特点。

3. 浸的工艺流程

挑选原料 → 进行初步加工 → 刀工处理 → 浸制 → 捞出装盘 → 淋汁配制蘸料

第二节 油烹法

一、炒

炒,是将切配成小形、薄细的原料(包括主料、配料),放入有底油的热锅中,运用中火或猛火在热锅上短时间急速翻炒至熟的一种烹调方法。

1. 炒的特点

炒的配菜通常都是由主料、配料、料头三部分组成,菜肴滋味偏于鲜、爽、嫩、滑,味道可口,锅气浓烈,色泽鲜明。

2. 炒的分类

(1)拉(泡)油炒 将生的肉料放入适当油温中拉油后,再配以料头和已熟的配料,在有底油的热锅中使用猛火急速翻炒至仅熟、有锅气香味时,调入芡汁而成菜品的制作方法。

(2)软炒 用鸡蛋或牛奶为主料,配以一些经熟处理而不带骨的原料(鱼片除外),混合放入经猛火冷油的热锅中,用中火至慢火,在锅中炒至主料仅熟而成菜品的制作方法。

(3)熟炒 将经处理至熟的,有一定特殊风味和制作特别的肉料做主料,与配料在热炒锅中一同炒制,调入芡汁而成菜肴的制作方法。

(4)生炒 将食材直接下热锅的烹饪方式称为生炒,生炒最为考验厨师的功力。生炒能最大限度地呈现菜肴的原汁原味。

3. 炒的工艺流程

选择原料 → 初步加工 → 刀工处理 → 腌制 → 初步热处理 → 起油锅 → 炒制 → 调味 → 勾芡 → 包尾油 → 装盘成菜

二、煎

煎,是把加工好的原料,直接或裹上粉浆,放在有底油的炒锅里面,运用小火把原料加热至成熟的一种烹调方法。

1. 煎的特点

煎制的菜肴色泽金黄,口感外酥内嫩,香气四溢。

2. 煎的分类

(1)干煎法 干煎法是指将食物原料直接放入热油中,用小火慢慢煎至两面金黄,表面酥脆。

(2)湿煎法 湿煎法是在煎制过程中加入少量的水或汤汁,使食物在煎制的同时吸收汤汁的味道,煎至水分蒸发,表面形成一层薄薄的焦香外皮。

(3)煎封法 煎封法是指将食物原料先用中火煎至表面金黄,然后盖上锅盖,转小火继续煎制,使食物在锅内形成一个封闭的环境,利用食物自身的水分和油脂进行烹制。

（4）半煎炸法　半煎炸法是指将食物原料裹上一层薄薄的面糊或蛋液，然后放入热油中用少量的油煎炸至金黄色。

3. 煎的工艺流程

选择原料 → 初步加工 → 刀工处理 → 腌制 → 煎制 → 调味 → 装盘成菜

三、炸

炸，是将原料裹上一层或多层外衣，然后放入热油中，利用高温油迅速使原料表面形成一层酥脆的外皮，同时内部烹熟的一种烹调方法。

1. 炸的特点

炸制的菜肴外皮酥脆，内部鲜嫩多汁，色泽金黄，香气扑鼻。

2. 炸的分类

（1）酥炸法　是指将原料裹上一层酥炸粉，然后放入热油中炸至金黄色，表面酥脆。酥炸法常用于炸鸡、炸鱼等，外皮酥脆，内里鲜嫩。

（2）脆米炸法　脆米炸法是指将原料先裹上一层薄薄的面粉，再浸入打散的鸡蛋液中，最后裹上一层脆米，然后放入热油中炸至金黄色。这种方法制作出的菜肴外皮酥脆，内部鲜嫩，口感层次分明。

（3）脆浆炸法　是指将原料先裹上一层特制的脆浆糊，然后放入热油中炸至金黄色，表面酥脆。

（4）脆皮炸法　是指将原料经过腌制处理后，表面涂上一层特制的脆皮糊或脆皮水（风干后炸制），然后放入热油中炸至外皮酥脆，内部熟透。

3. 炸的工艺流程

原择原料 → 原料初加工 → 刀工处理 → 腌制 → 挂糊 → 油炸 → 沥油 → 装盘

四、煎酿

煎酿，是将馅料（主料）酿入加工成形的配料中，然后使用中慢火煎至表面金黄色，以汤水勾芡而成菜品的一种制作方法。

1. 煎酿的特点

鲜嫩多汁，色泽金黄，口感层次丰富，既有煎炸的香脆，又有馅料的鲜美。

2. 煎酿的分类

（1）豆腐酿　将调好味的肉馅酿入豆腐块中，然后在平底锅中煎至两面金黄，加入适量的汤水和调味料，待汤汁浓稠后即可出锅。豆腐酿口感嫩滑，馅料鲜美，是客家菜中的经典之作。

（2）茄子酿　将茄子切片或挖空，酿入调好味的肉馅，然后在锅中煎至茄子软熟，肉馅熟透。茄子酿外皮微焦，内里茄子软糯，肉馅鲜香，风味独特。

（3）鱼饼酿　将鱼肉剁碎制成鱼饼，酿入适量的肉馅或其他配料，然后在锅中煎至两面金黄，加入适量的汤水和调味料，待汤汁浓稠后即可出锅。鱼饼酿口感鲜嫩，鱼香浓郁，是宴席上的佳肴。

（4）蛋角酿　将鸡蛋打散，酿入调好味的肉馅或其他配料，然后在锅中煎至蛋液凝固，形成金黄色的蛋皮包裹着馅料。蛋酿外皮嫩滑，内馅鲜美，营养丰富，适合各个年龄段的人群。

3. 煎酿的工艺流程

初步加工→调味→酿制造型→煎焖→调味勾芡→装盘成菜

第三节　汽烹法

一、蒸

蒸，是将原料调味摆形后放入器皿中，再放入蒸笼或蒸锅中，利用水蒸气的热量使原料由生变熟的一种烹调方法。

1. 蒸的特点

蒸制的菜肴保持了原料的原汁原味，质地鲜嫩，口感软滑，营养成分损失少。

2. 蒸的分类

（1）扣蒸　把原料摆砌在扣碗内蒸熟，然后覆盖于碟上，或汤锅内，原汁勾芡或原汤调味后，淋回原菜上，从而成为一道热菜或汤菜的方法。

（2）平蒸　是将原料平铺在盘中，然后放入蒸笼或蒸锅中，以中火或大火蒸熟。这种方法适用于各种鱼类、肉类和蔬菜，能够保持原料的形态完整，口感鲜嫩。

（3）排蒸　将两种或两种以上的原料整齐且有序地摆放在器皿中，通过蒸煮的方式烹制成菜的方法。这种方法适用于形状规则的原料，如鱼片、肉片、虾等，蒸出的菜肴不仅保持了原料的鲜美，而且外观整齐美观。

（4）裹蒸　将腌制好的原料用外皮包裹蒸熟成菜的方法。这种方法可以使原料在蒸制过程中吸收包裹物的味道，同时保持原料的鲜嫩和营养。

3. 蒸的工艺流程

选择原料→初步加工→刀工处理→入锅蒸制→调味→装盘成菜

二、扣

扣是指由两种（或者两种）以上经切改处理后的动、植物生料或半成品，调味腌制，用手排砌在扣碗内（有些还需加入适量汤水）放入蒸笼（蒸柜）用蒸汽加温至成熟软烂。然后覆扣在盘中，再以原汁勾芡或淋汤的烹调方法。

1. 扣的特点

扣的菜肴，用料比较广泛，可制作出多种软滑、浓郁、浓香等不同口味的菜肴。其菜肴造型整齐，且菜肴色泽悦目，形态美观。

2. 扣的分类

（1）红扣法　凡是烹饪过程中原料要调色或着色的均属于红扣。

（2）白扣法　凡是烹饪过程中原料不需要调色或着色的均属于白扣。

3. 扣的工艺流程

挑选原料→进行初步加工→刀工处理→热处理→调味→造型→加热→装盘→淋芡或淋汤

第四节　其他烹饪方法

一、焖

焖，是指将经煸爆、拉油或油炸等处理的生料或熟料，加入适量的汤水，调入味料，加上锅盖，以中火或中慢火进行适宜时间的加热，使原料成熟或软滑，然后勾芡成菜的烹调方法。

1. 焖的特点

汤汁浓郁，味道醇厚，芡汁的浓稠度适中，口感丰富，层次分明。

2. 焖的分类

（1）生焖法　生焖法是将生的原料通过适当的拉油或爆炒后，加入汤水，调入味料使用中至中慢火在锅中加热至肉料仅熟或稔，勾芡或收汁而成菜品的烹调方法。

（2）红焖法　将原料腌制、上粉后，或直接放入油中炸至表面呈金黄色，配以料头和加入汤水在炒锅中焖至表面回软、汁浓时，以湿淀粉勾芡成菜品的烹调方法。红焖法主要适用于鱼类和豆腐原料的菜品制作。

（3）熟焖法　将已熟并作刀工处理的原料，在锅上加以料头、酱料，用中慢火爆香后，加入汤水或原汁，调入味料，略作焖制后勾芡而成菜品的一种烹调方法。

3. 焖的工艺流程

选择原料→初步加工→刀工处理→腌制→初步热处理→焖制→调味→收汁勾芡→装盘成菜

二、焗

焗是指整体肉料腌制后，用密闭加热方式使肉料温度升高，自身水分汽化，由生变熟而成为一道热菜的烹调方法。

1. 焗的特点

香气浓郁，口感丰富，肉质鲜美，汁液饱满。

2. 焗的分类

（1）盐焗　是指把腌制好的原料包裹好，放在热盐里面焗熟成菜的方法，如盐焗鸡、盐焗凤爪。

（2）砂锅焗　砂锅焗法是将腌制好的肉料放入砂锅中，盖上盖子，利用砂锅的保温性能和密闭环境，通过小火慢焗使肉料熟透。砂锅焗法能保持食物的原汁原味，如砂锅焗鱼头、砂锅焗猪耳等。

（3）炉焗　指把腌制好的原料，放在烤炉里面焗熟成菜的方法，如五指毛桃焗鸡等。

（4）锅焗　指把腌制好的原料经过初步熟处理后，放入炒锅里面，加入调味料焗熟成菜的方法，如客家豉油鸡等。

3. 焗的工艺流程

选择原料 → 初步加工 → 腌制 → 整理成形 → 初步热处理 → 焗制 → 带味碟上桌

河源市东江河鲜非遗宴

　　东江，历史上亦称湟水、循江、龙川江等，为珠江水系的主要支流之一。其发源地位于江西省安远县与寻乌县交界的三百山，其源河为定南水（亦名九曲河）。

　　东江流域蕴含着丰富的历史与文化内涵，河源地区曾存在一个名为"疍户"的群体，他们世代以东江为生，逐水而居。关于东江疍民群体的起源，史料记载并不详尽。明代时，疍民在户籍上自成一类，被称为疍户，其社会地位、法律地位与普通民众存在差异。他们常遭受社会的歧视，例如上岸时不得穿鞋袜，新衣需缝上旧布片，否则可能遭遇抢夺，且常被贬称为"盲擦"。关于"盲擦"一词的起源，存在一则传说：元末朱元璋战败逃至新丰江畔，请求渔民渡其过江，但渔民忙于捕鱼而未予理会。幸而一位盲人赠予朱元璋一根木杖，助其脱险。后人因此称水上人为"盲擦"，意指他们有眼不识泰山，只顾捕鱼为生，缺乏文化。清雍正七年（1729年），雍正皇帝颁布《恩恤广东疍户》诏令，允许疍户上岸建屋居住，但地方执行力度不足，导致疍民受歧视的状况未得到根本改善。除了渔业，疍民也会雇用船只运送农具、种子等，或偶尔上岸从事农耕。他们拥有独特的文化，如广泛流传于劳动、婚嫁、娱乐中的疍歌。

　　作为关键的水运通道，东江促进了沿岸城镇的繁荣，并孕育了东江流域特有的客家文化。1949年后，东江流域的博罗以上干支流上相继建成了新丰江、枫树坝及白盆珠等大型水库，这些水利工程为东江流域的综合治理与开发提供了坚实基础，推动了当地社会经济的发展。时至今日，东江依然是河源地区不可或缺的水资源和地理标志，对当地的生态、经济和文化发展发挥着至关重要的作用。

　　河源东江河鲜宴是河源地区极具特色的美食盛宴。河源地处东江流域，拥有丰富的河鲜资源，为东江河鲜宴提供了新鲜、多样的食材。在东江河鲜宴中，食客可品尝到各式河鲜佳肴。常见的河鲜包括鱼、虾、蟹、贝类等，它们以不同的烹饪手法呈现，凸显河鲜本身的鲜美。河源东江河鲜宴中较为知名的菜肴有：粥水浸桂花鱼，通过简单的浸煮，保留鱼的原汁原味，肉质鲜嫩；韭菜炒河虾仔，突出河虾的鲜甜，与韭菜的鲜香相得益彰；生焗鱼头，以焗的烹饪方式，使鱼头更加入味，香气四溢；炒河蚌，河蚌肉质鲜嫩，富有嚼劲。

不同的河鲜馆可能有各自独特的烹饪手法和特色菜肴。有些河鲜馆会注重食材的新鲜度，将刚从东江捞起的河鲜进行简单处理后烹饪；有些则会在调味和烹饪方式上有所创新，以满足不同食客的口味需求。

第一节　河源市东江河鲜非遗传统宴

3　河源市东江河鲜非遗宴

一、粥水浸桂花鱼

（一）原料组成

万绿湖桂花鱼750g，香芹20g，小葱10g，香菜10g，生姜10g，丝苗米100g。

（二）菜肴调料

盐8g，味精10g，胡椒粉8g，生粉5g，花生油5g。

（三）制作技艺

1. 将丝苗米淘洗干净，放入砂锅加入适量的清水用大火煲开，转小火煲1h煲成粥，用密筛将米粒隔掉，留粥水，备用。

2. 将万绿湖桂花鱼宰杀干净，用刀将两片鱼肉起出，鱼头和鱼骨腩砍成2cm宽的件，鱼肉用刀起双飞片，冲洗干净，沥干水。香芹切成粒，香菜切成小段，小葱切成葱花，生姜切成丝，备用。

3. 将桂花鱼骨腩和桂花鱼片分开用盐、味精、胡椒粉、生粉、花生油腌制入味，备用。

4. 起锅放入一勺水，放入姜丝、盐、味精、胡椒粉调味，再倒入粥水用小火煮开，放入腌制好的鱼骨腩用小火浸1min至六成熟，再放入腌制好的桂花鱼片浸1min出锅装盘淋上少许花生油，跟上香芹粒、香菜段、葱花即可。

（四）风味特色

肉质嫩滑，米香清甜。

二、韭菜炒河虾仔

（一）原料组成

新鲜河虾300g，韭菜200g，青红椒20g，生姜10g，蒜子5g。

（二）菜肴调料

盐2g，味精3g，鸡粉3g，生抽3g，胡椒粉5g，料酒3g，生粉2g。

（三）制作技艺

1. 将新鲜河虾清洗干净，韭菜洗净改刀成8cm的段，青红椒和生姜改刀成丝，蒜子剁成蒜蓉，备用。

2. 起锅烧油，油温至160℃将河虾用大火炸脆倒出，将原锅烧热爆香料头，放入韭菜快速翻炒杀青，倒入河虾放入盐、料酒、味精、鸡粉、生抽、胡椒粉调味，用生粉勾芡，用猛火快速翻炒，炒出锅气，出锅装盘即可。

（四）风味特色

河虾清甜，韭香味浓。

三、双椒蒸鱼头

（一）原料组成
大头鱼头1500g，黄灯笼椒酱200g，红剁椒酱200g，生姜20g，蒜子20g，小葱10g。

（二）菜肴调料
盐15g，味精20g，鸡粉15g，生抽10g，蚝油15g，白糖20g，胡椒粉15g，料酒20g。

（三）制作技艺
1. 将大头鱼头处理清洗干净，用刀将鱼头砍开，不要砍断，在肉厚处改花刀让其均匀成熟，沥干水，生姜和蒜子剁成蓉，小葱切成葱花，备用。
2. 将沥干水的鱼头用适量盐、味精、鸡粉、料酒、胡椒粉腌制10min入味，备用。
3. 起锅烧油，爆香姜蓉和蒜蓉，将黄灯笼椒酱放入锅中用中小火将其煸香，放入盐、白糖、味精、鸡粉、生抽、蚝油、胡椒粉调味，将黄椒酱炒至干身，无水分，出香味倒出，备用。
4. 在盘子中用筷子垫底，放上腌制好的鱼头，在鱼头的两面分别铺上黄椒酱和红剁椒酱，放入蒸柜用猛火蒸12min至刚熟取出，淋上生抽、撒上葱花，淋上热油即可。

（四）风味特色
咸鲜入味，清甜滑嫩。

四、笼子荷叶蒸什鱼

（一）原料组成
黄角鱼150g，河鲇鱼100g，小鳜鱼100g，河虾50g，生姜20g，红葱头10g，小葱10g，荷叶1片。

（二）菜肴调料
盐8g，味精10g，胡椒粉8g，生粉10g，花生油50g。

（三）制作技艺
1. 将杂鱼宰杀清洗干净，改刀成6cm的段，沥干水，河虾清洗干净，生姜和红葱头用刀剁碎，小葱切成葱花，荷叶泡水剪成2片竹笼大小圆形，备用。
2. 将杂鱼放入盆中，下盐、味精、胡椒粉、姜碎、红葱头碎、生粉捞拌均匀，捞至起胶质，放入花生油封面，竹笼底下放上一片荷叶垫底，均匀地平铺上杂鱼，面上撒上河虾，再用一片荷叶盖面，放入蒸柜用猛火蒸8min至刚熟取出，掀开荷叶撒上葱花，淋上花生油，盖回荷叶即可。

（四）风味特色
原汁原味，肉质滑嫩。

五、石螺豆腐煲

（一）原料组成

石膏豆腐500g，山坑螺200g，五花肉150g，红葱头10g，生黄豆50g，小葱10g。

（二）菜肴调料

盐5g，味精8g，鸡粉8g，生抽10g，蚝油5g，胡椒粉5g，料酒20g，生粉10g，高山茶油20g。

（三）制作技艺

1. 先将山坑螺用清水养一天，用钳子用力把螺尾剪掉，清洗干净，将五花肉去皮，和红葱头一起剁成颗粒分明的肉馅，石膏豆腐改刀成3cm宽的骨牌件，小葱切成葱花。
2. 剁好的肉馅加入适量盐、味精、料酒、胡椒粉、生粉搅拌均匀，用力摔打上劲，备用。
3. 将豆腐件在中间挖一个小洞，撒上少许生粉、酿入肉馅，备用。
4. 起锅烧水，下料酒将山坑螺和生黄豆分开飞水，备用。
5. 砂锅放入山坑螺垫底，把酿好的豆腐整齐地摆在砂锅里，豆腐面上撒上黄豆，放入适量盐、味精、料酒、胡椒粉、鸡粉调味，加入适量的清水用大火烧开，转小火煲4min至豆腐馅成熟，用生抽、蚝油、生粉、胡椒粉调一个碗芡，均匀地淋在豆腐面上，淋上高山茶油，撒上葱花即可。

（四）风味特色

清甜嫩滑，螺味浓郁。

六、葱油淋花雕鱼

（一）原料组成

花雕鱼750g，西蓝花100g，小葱20g，生姜10g。

（二）菜肴调料

盐5g，味精8g，鸡粉8g，生抽10g，胡椒粉5g，料酒20g，花生油100g，生粉10g。

（三）制作技艺

1. 将花雕鱼宰杀干净，用刀在背骨中间将鱼肉取出来，用刀留头留尾，将鱼骨和鱼腩砍成宽2cm的件，鱼肉用刀起双飞片，冲洗干净，沥干水，西蓝花修改成圆形，小葱和生姜切成丝，备用。
2. 将鱼头、鱼尾、鱼骨腩和鱼片分开用盐、味精、鸡粉、胡椒粉、料酒、生粉、花生油腌制入味，备用。
3. 起锅烧水，将水烧开，转小火倒入鱼骨腩浸1min至熟捞出按鱼原型摆盘垫底，再放入鱼片浸30s至熟捞出摆在鱼骨腩上面。再下油将西蓝花飞熟倒出围边，上面撒上姜葱丝，淋上生抽和热油即可。

（四）风味特色

原汁原味，肉质嫩滑。

七、鱼丸煮艾叶

（一）原料组成
鱼丸200g，鸡蛋4个，艾叶100g。

（二）菜肴调料
花生油100g，鱼汤200g，盐3g，味精8g，鸡粉8g，胡椒粉8g，料酒3g，生粉3g。

（三）制作技艺
1. 将艾叶切碎，放入打好的鸡蛋里，再放入适量盐、味精、鸡粉、胡椒粉、生粉搅拌均匀，备用。
2. 起锅烧油，放入调好的鸡蛋用小火煎至两面金黄，倒出改刀成宽2cm的件，备用。
3. 起锅烧油，倒入鱼汤、鱼丸和煎好的蛋饼，加入适量盐、味精、鸡粉、胡椒粉、料酒，用大火烧2min，至汤色奶白，浓郁。出锅装盘即可。

（四）风味特色
鱼丸爽口，汤浓味美。

八、椒香鱼腐

（一）原料组成
净鱼肉200g，鸡蛋液200g。

（二）菜肴调料
花生油50g，盐3g，味精5g，鸡粉5g，胡椒粉8g，椒盐2g，生粉10g。

（三）制作技艺
1. 将净鱼肉用刀剁成细鱼蓉，备用。
2. 将鱼蓉下盐搅拌均匀，用手搅出胶质，再放入生粉、味精、鸡粉、胡椒粉继续搅均匀，用手摔打上劲，分多次加入鸡蛋液和同等量的冰水，不停地搅拌均匀放入冰箱冰1h，备用。
3. 起锅烧油，油温至120℃时用小勺把鱼腐放入锅中，用小火浸1min浮起来至熟，转中大火炸至金黄色捞出，撒上椒盐装盘即可。

（四）风味特色
色泽金黄，味道鲜美。

九、鱼肠鱼仔焗蛋

（一）原料组成

新鲜鱼肠100g，新鲜鱼子100g，油条50g，鸡蛋4个，姜粒5g，葱花5g。

（二）菜肴调料

盐3g，味精5g，鸡粉5g，胡椒粉8g，料酒10g，花生油50g，生粉10g。

（三）制作技艺

1. 将鱼肠去掉多余的杂质，鱼子清洗干净沥干水，下适量盐、味精、鸡粉、胡椒粉、料酒、生粉、姜粒腌制，油条切成薄片，备用。
2. 起锅烧水，先将鱼肠、鱼子飞水倒出，备用。
3. 起锅烧油，下鱼肠、鱼子用小火煎至熟透，色泽金黄后倒出，备用。
4. 将鸡蛋打均匀，放入煎好的鱼肠、鱼子和油条片，放入适量盐、味精、鸡粉、胡椒粉调味，倒入紫砂钵里，放入蒸柜用小火蒸5min至熟取出，备用。
5. 起锅烧油，将油烧至160℃高油温，将蒸好的鱼肠水蛋放在笊篱上，用热油淋至表皮金黄，酥脆。沥干油、撒上葱花即可。

（四）风味特色

外酥里嫩，味道香浓。

十、鱼饼炒饭

（一）原料组成

丝苗米饭600g，鱼饼100g，鸡蛋2个，小葱10g。

（二）菜肴调料

花生油50g，盐2g，味精5g，鸡粉5g，生抽10g，老抽2g，胡椒粉5g。

（三）制作技艺

1. 将鱼饼改刀成细条，小葱改刀成葱花，备用。
2. 起锅烧油，锅烧至大热，放入鸡蛋和鱼饼条爆炒出香味，放入丝苗米饭炒散，放入盐、味精、鸡粉、胡椒粉、生抽调味，老抽调色，用中小火将米饭慢慢爆炒，炒至干身，甘香，放入葱花出锅装盘即可。

（四）风味特色

干身甘香，粒粒分明。

第二节 河源市东江河鲜非遗传承宴

一、鲜花椒炖河鲩汤

（一）原料组成
东江河鲩300g，鲜花椒30g。

（二）菜肴调料
盐10g，味精15g，鸡粉15g，胡椒粉8g，料酒10g，清鸡汤250g。

（三）制作技艺
1. 将东江河鲩宰杀干净，砍成宽2cm的件，冲洗干净沥干水分，备用。
2. 每个炖盅放入两件河鲩件，倒入清鸡汤至八分满，加入盐、味精、鸡粉、胡椒粉、料酒调味，放入鲜花椒。盖上炖盅盖放入蒸柜用猛火炖20min取出即可。

（四）风味特色
汤清味美，花椒味浓。

二、渔家拌饭

（一）原料组成
生鱼片200g，丝苗米饭600g，炸腰果50g，鸡蛋2个，小葱10g，香菜10g。

（二）菜肴调料
盐2g，味精5g，鸡粉5g，生抽10g，老抽2g，花生油50g，胡椒粉5g，生粉2g。

（三）制作技艺
1. 将生鱼片冲洗干净后沥干水分，将炸腰果用刀拍碎，香菜切成碎段，小葱切成葱花，备用。
2. 将沥干水的鱼片用适量盐、味精、鸡粉、胡椒粉、生粉、花生油腌制，备用。
3. 起锅烧油，烧至大热，放入鸡蛋爆炒，放入丝苗米饭炒散，放入适量盐、味精、鸡粉、胡椒粉、生抽调味，老抽调色，用中小火慢慢煸炒至干身甘香，出锅装入竹笼中，备用。
4. 起锅烧油，油温120℃，放入生鱼片拉油至熟，捞出后均匀地放入炒饭面上，撒上腰果碎、香菜段、葱花即可。

（四）风味特色
口感丰富，鱼片爽滑。

三、东江功夫鱼

（一）原料组成
东江花雕鱼1000g，日本南瓜100g，鸡蛋1个，枸杞10g，蒜蓉100g。

（二）菜肴调料
盐2g，味精5g，鸡粉5g，味椒盐10g，面包糠100g，料酒20g，胡椒粉5g，生粉2g，辣椒干20g，豆豉10g，花生油1000g（耗油50g）。

（三）制作技艺
1. 将花雕鱼宰杀干净，用刀在中骨处取出两片净鱼肉，留整鱼头和鱼尾，将鱼骨腩砍成宽2cm的件，净鱼肉改刀成双飞鱼片，冲洗干净，沥干水，日本南瓜去皮切片，备用。
2. 将鱼头、鱼尾、鱼骨腩放入适量盐、味精、鸡粉、胡椒粉、生粉、料酒、花生油、鸡蛋黄腌制入味再上生粉。鱼片放入适量盐、味精、鸡粉、胡椒粉、生粉、料酒、花生油腌制，备用。
3. 将日本南瓜片放入蒸柜用猛火蒸5min至熟取出，放入破壁机加入适量的水破壁成南瓜蓉，用密篱过滤成南瓜细蓉，备用。

4 起锅烧油,至120℃油温,分别用中小火将蒜蓉和面包糠炸至金黄色、酥脆,捞出。散开放在吸油纸上放凉,辣椒干和豆豉炸香捞出,全部捞拌均匀,撒上味椒盐调味制成避风塘料,备用。

5 起锅烧油,油温至160℃放入鱼头、鱼尾、鱼骨腩,浸炸2min至熟,转大火炸至色泽金黄,外表酥脆倒出,用原锅,小火,放入避风塘料和鱼骨腩炒香,出锅按鱼原型装盘即可。

6 起锅烧水,将鱼片放入热水用小火浸30s至熟倒出,锅中放入浓鸡汤,放入适量盐、味精、鸡粉、胡椒粉调味,放入南瓜蓉调成金黄色,用小火勾芡,将金汤芡装入位上小碗,每位面上放入两片鱼片,面上用枸杞点缀,组合装盘即可。

(四) 风味特色

一鱼两吃,味道香浓。

四、渔舟河虾脆皮肉

(一) 原料组成

精五花肉150g,新鲜河虾100g,青瓜100g,球生菜100g。

(二) 菜肴调料

排骨酱5g,海鲜酱5g,花生酱5g,澄面2g,生粉10g,千岛酱20g,花生油1000g(耗油50g),味椒盐10g,面包糠100g。

(三) 制作技艺

1 将精五花肉改刀成约一元硬币厚、长8cm、宽2cm的片,青瓜改刀成条,球生菜用剪刀剪成圆形,备用。

2 将五花肉片用排骨酱、海鲜酱、花生酱搅拌均匀腌制入味,放入澄面和生粉拌均匀,粘上面包糠用手压紧压实,备用。

3 起锅烧油,油温至150℃时放入腌制好的五花肉浸炸1min至熟,转大火复炸,炸至色泽金黄,表皮酥脆后捞起,整齐装盘。油温至180℃将河虾倒入锅中,炸至外皮后酥脆捞出,均匀地撒上味椒盐装盘,与青瓜条、球生菜、千岛酱组合装盘即可。

(四) 风味特色

酱香酥脆,口感丰富。

五、黄金酱蒸大田螺

（一）原料组成
清水大田螺600g，青红椒10g，生姜10g，蒜子10g。

（二）菜肴调料
黄椒酱100g，味精5g，白糖5g，生粉5g，花生油50g，料酒10g。

（三）制作技艺
1. 将清水大田螺用清水养一晚上，用刀背敲去螺尾，用钢丝球擦洗干净，将青红椒、生姜和蒜子剁成蓉，备用。
2. 起锅烧水，下适量料酒将大田螺倒入锅中飞水，飞至熟透倒出过凉水，用牙签将螺肉挑出来，去掉螺的内脏，留螺头用生粉搓均匀，清洗干净，备用。
3. 起锅烧油，爆香料头倒入黄椒酱用小火焖香，放入味精、白糖、料酒炒至出香味倒出，备用。
4. 将大田螺壳整齐地装盘，每个螺壳放入一个螺肉，上面淋上黄椒酱，放入蒸柜用猛火蒸3min至热透取出即可。

（四）风味特色
咸鲜微辣，螺肉爽口。

六、百香果煮脆肉罗非片

（一）原料组成
脆肉罗非鱼肉200g，百香果10个。

（二）菜肴调料
盐2g，味精5g，鸡粉5g，胡椒粉3g，生粉10g，橙汁20g，白糖20g。

（三）制作技艺
1. 用刀将脆肉罗非鱼肉起双飞片，冲洗干净后沥干水，百香果用刀均匀地切去顶部，倒出百香果汁，备用。
2. 将鱼片放入盐、味精、鸡粉、胡椒粉和适量生粉捞拌均匀腌制入味，备用。
3. 起锅烧水，将百香果壳用热水浸泡，鱼片放入锅中浸30s至熟捞出，备用。
4. 起锅放入百香果汁和适量的水，加入橙汁和白糖煮化，用生粉水勾芡，将百香果壳摆好，淋上百香果芡汁再放入两片脆肉罗非鱼片即可。

（四）风味特色
酸甜开胃，鱼肉爽脆。

七、XO酱爆河蚌

（一）原料组成

东江河蚌2500g，鲜淮山100g，蜜豆200g，木耳20g，彩椒20g，葱度2g，姜（指甲片）2g，蒜蓉2g。

（二）菜肴调料

盐2g，味精5g，鸡粉5g，生抽10g，老抽2g，蚝油3g，胡椒粉5g，生粉2g，料酒10g，花生油50g，XO酱10g。

（三）制作技艺

1. 将河蚌清洗干净，用刀从中间切开，取出河蚌肉，去掉杂质，加适量盐、生粉搓洗干净，沥干水，改刀成厚片。将鲜淮山用牙刀切成厚片，蜜豆去头去尾，彩椒改刀成菱形，木耳撕成片，备用。
2. 将河蚌肉用盐、味精、鸡粉、胡椒粉、料酒、生粉腌制入味，再用盐、味精、鸡粉、生抽、蚝油、胡椒粉、生粉、料酒调一个碗芡，备用。
3. 起锅烧水，下油、盐、味精，将蜜豆、淮山片和木耳飞水倒出，起锅烧油放入飞好水的淮山、蜜豆和木耳，用生粉水清炒后倒出摆成圆形，备用。
4. 起锅烧水，将腌制好的河蚌飞一下水倒出，起锅烧油，油温至120℃将河蚌拉油倒出，用原锅放入油爆香，放入XO酱、料头、葱度、姜和彩椒角，再放入河蚌快速翻炒均匀，最后放入碗芡用猛火快速炒出锅气，淋尾油出锅，放在蜜豆面上即可。

（四）风味特色

清新爽脆，味道鲜美。

八、鱼胶酿爽藕

（一）原料组成

净草鱼肉500g，莲藕150g，鸡蛋1个。

（二）菜肴调料

花生油1000g（耗油50g），盐2g，味精5g，鸡粉5g，胡椒粉5g，生粉10g，料酒10g，浓缩橙汁50g，白糖50g。

（三）制作技艺

1. 将净草鱼肉用刀刮成鱼蓉，莲藕削去皮，改刀成片，取出50g剁成小粒，备用。
2. 将鱼蓉放入盐，用手搓拌均匀，搓至起胶。加入鸡蛋、味精、鸡粉、胡椒粉、生粉、料酒、莲藕粒，用手搓拌均匀，摔打上劲，备用。
3. 起锅烧水，将藕片飞水捞出马上过凉水，用吸水纸吸干水，面上撒上生粉，拿两片藕在中间酿入鱼胶，备用。
4. 起锅烧油，油温至150℃，放入酿好的莲藕夹，用小火浸炸2min至熟，转大火炸至色泽金黄，表皮酥脆后捞出整齐装盘，备用。
5. 起锅放入适量的水，放入浓缩橙汁和白糖，用小火煮化，再用生粉水勾芡，勾至琉璃状，淋在酿爽藕上即可。

（四）风味特色

爽口弹牙，酸甜开胃。

九、鱼丸煮杂锦菜

（一）原料组成
东江鱼丸200g，鱼肉200g，鲜淮山100g，白花椰菜100g，西红柿50g，丝瓜50g，生姜10g。

（二）菜肴调料
花生油50g，盐2g，味精5g，鸡粉5g，胡椒粉5g，料酒10g。

（三）制作技艺
1. 将鲜淮山去皮改刀成滚料块，白花椰菜改刀成圆形，西红柿去皮改刀成角，丝瓜去皮改刀成滚料块，生姜用刀拍碎，鱼肉改刀成宽2cm的件，备用。
2. 起锅烧水，放入盐、味精、花生油，放入杂锦菜飞水倒出，备用。
3. 起锅烧油，烧至大热，放入鱼肉件，用小火煎至两面金黄，放入料酒后马上放入适量的热水，转大火滚5min至鱼汤奶白、香浓，用密篱将鱼渣隔掉，留鱼汤，备用。
4. 起锅烧油，爆香姜碎，放入鱼汤，加入盐、味精、鸡粉、胡椒粉调味。倒入鱼丸和杂锦菜用小火煮2min，煮至软烂入味，出锅装盘即可。

（四）风味特色
鱼味香浓，软烂入味。

十、渔家特色炒面

（一）原料组成
全蛋面500g，新鲜河虾100g，洋葱50g，鸡蛋2个，小葱50g。

（二）菜肴调料
盐2g，味精5g，鸡粉5g，花生油50g，生抽10g，老抽2g，胡椒粉5g。

（三）制作技艺
1. 将全蛋面用温水浸泡10min，泡至散开，泡透沥干水，洋葱改刀成丝，小葱改刀成8cm长的段，备用。
2. 起锅烧油，油温至160℃时将新鲜河虾倒入锅中，炸至酥脆倒出，用原锅烧热，倒入鸡蛋炒香，放入洋葱丝和全蛋面用中小火炒均匀，炒散，放入盐、味精、鸡粉、生抽、胡椒粉调味，老抽调色，放入炸好的河虾和葱段，用猛火快速翻炒，炒至焦黄，锅气香浓，出锅装盘即可。

（四）风味特色
虾味浓郁，锅气十足。

第三节 河源市名优代表性东江河鲜食材农产品推介

一、东江河虾

东江河虾的特点是体型粗短，由头胸部和腹部构成，雄性头胸甲粗糙，雌性较光滑，栖息于水草丰茂的水域。该鱼食性杂，摄食多种食物；行动缓慢爬行或短距离游泳；繁殖力强，肉质细腻，营养丰富，含蛋白质、矿物质、不饱和脂肪酸和维生素；经济价值高，可加工成多种食品；食用价值在于其营养成分和美味口感，适合多种烹饪方式，如清蒸、白灼、红烧等。东江河虾是河源市的代表性河鲜食材。

二、东江鳡鱼

东江鳡鱼为东江流域特有的一种鳡鱼种群，其体态特征表现为细长侧扁，口部结构尖锐。该物种主要栖息于江河湖泊的中上层水域，以其他鱼类为食。该鱼成年个体体长可达2m，体重超过60kg。东江鳡鱼展现出较强的适应性，能在1～38℃的水温范围内生存，其适宜生存温度区间为10～20℃；繁殖季节通常发生在春季，雌性个体可产卵高达50万粒。作为具有经济价值的鱼类，东江鳡鱼的肉质鲜美，富含蛋白质、必需氨基酸以及钙、铁、磷等矿物质。该物种不仅营养价值高，而且味道鲜美，适合采用多种烹饪方法，如清蒸、红烧和煲汤，是河源市著名的优质河鲜食材。

三、东江桂花鱼

东江桂花鱼的形态特征表现为体侧扁平、背部显著隆起，且体表色泽鲜明，鳍缘呈黑色，呈现出独特的外观形态。该鱼类的营养价值颇高，富含完全蛋白质、不饱和脂肪酸以及多种矿物质和维生素。东江桂花鱼以其鲜美的口感、细腻的肉质和浓郁的风味而著称，适用于多种烹饪方法，包括清蒸、红烧及煮汤等，均能有效保留其原有的鲜美口感和营养价值。在河源市，桂花鱼作为一种重要的优质河鲜食材，被广泛使用。

四、东江梅花钳鱼

东江梅花钳鱼体型细长，体色青灰或灰黑，头部扁平，口部宽阔，有细小牙齿；背鳍和臀鳍发达，栖息于东江流域水质清澈的环境中。该鱼肉食性，捕食水生昆虫、小型鱼类等，适应性强，耐水温波动。该鱼肉质鲜美，富含营养，适合多种烹饪方法，如清蒸、红烧、煎烤等，是河源市的名优河鲜食材。

五、东江大田螺

　　东江大田螺体型大,壳坚固螺旋形,多层结构,颜色深至黑褐色,表面有纹理和斑点,易于辨识。它们有角质厣片,可封闭螺口保护自己。东江大田螺生活在淡水环境,如河流、湖泊、池塘和水田,尤其在水质好、水草多、泥沙适宜的地方常见。它们食性杂,主要吃水生植物、藻类、腐殖质和小型水生动物;夜间或清晨、傍晚活动,白天藏匿以减少水分蒸发和能量消耗。东江大田螺以其肉质厚实、口感独特而著称,富含蛋白质、维生素和矿物质,营养价值显著。其烹饪方式多样,包括炒、煮汤、酱爆等,能够迎合不同消费者的口味偏好,是河源市不可或缺的河鲜食材之一。

六、东江芝麻剑鱼

　　东江芝麻剑鱼,拥有纺锤形的体型,长度为30～60cm,体重可达数千克。其体色以灰白或灰褐为主,遍布着的黑斑,头部扁平,吻部钝圆,口部宽阔且布满细小的牙齿,背鳍和臀鳍宽大,尾部呈叉形。这种鱼偏好栖息在东江的深水岩石洞穴或水底的礁石缝隙中,尤其喜欢清澈且溶氧量高的水域。它们的食物来源多样,包括鱼虾、水生昆虫以及软体动物。芝麻剑鱼夜间活动频繁,而白天则多休息。其肉质鲜嫩、口感爽滑,富含蛋白质、不饱和脂肪酸、维生素和矿物质等。这种鱼适合采用清蒸、红烧、炖汤等多种烹饪方式,是河源市珍贵的河鲜食材。

七、东江黄沙蚬

　　东江黄沙蚬,其体型呈现中等卵圆形或长椭圆形,长度一般为2～3cm。其外壳呈黄褐色或棕褐色,质地坚硬且具有光泽,带有环状的生长纹。东江的水质、流速以及温度对黄沙蚬的生长和繁殖具有显著影响。作为滤食性动物,它们通过鳃和外套膜的纤毛过滤水中的微小颗粒,如浮游生物、有机碎屑和藻类,作为其食物来源,对东江的水质净化和生态平衡发挥着至关重要的作用。东江黄沙蚬的肉质鲜嫩多汁,富含蛋白质、多种维生素和矿物质,对人体健康具有积极的促进作用。其烹饪方式多样,包括清蒸、炒制或煮汤等,均能保持其鲜美的口感,是河源市重要的河鲜食材之一。

八、东江黄角鱼

　　东江黄角鱼体型小巧,体长为10～20cm,身形侧扁且修长。其体色浅黄至金黄,可能带有深色斑纹。该鱼头部扁平,吻部短,口裂较大,上下颌长有细齿;背鳍和臀鳍宽大,尾鳍呈叉形。东江黄角鱼生活在水流平缓、水质清澈的东江水域,偏好沙石或水草底质。该鱼属于杂食性鱼类,食物来源广泛,包括浮游生物、藻类、水生昆虫、小虾以及软体动物等。在烹饪方面,东江黄角鱼肉质鲜嫩,适合多种烹饪方式。清蒸、煮汤或者红烧都能很好地保留其鲜嫩口感。其肉质富含完全蛋白质、不饱和脂肪酸，以及钙、磷、铁、锌等矿物质和维生素A、维生素D、B族维生素等营养素。

九、东江石娟鱼

东江石娟鱼，一种在东江流域独具特色的鱼类。石娟鱼体型较小，体长通常在十几到二十几厘米之间。它的身体侧扁且细长，整体线条流畅。其体色丰富，背部呈深褐色，腹部颜色逐渐变浅，多为浅黄或白色；体表带有黑色斑点或条纹，鳞片细小且紧密排列，鳍部形态优美，背鳍和臀鳍宽大，尾鳍呈叉形。石娟鱼肉质鲜嫩，口感爽滑且无腥味；清蒸能保留其原汁原味，红烧则可以让鱼肉的味道更加浓郁，煮汤也是极佳的选择，味道鲜美。在河源市，石娟鱼是备受欢迎的河鲜食材。

十、东江溪斑鱼

东江溪斑鱼体型较小，呈流线型，体长范围为十几至二十几厘米，侧扁。其背部呈现青绿色、橄榄色或蓝灰色，腹部则为浅黄色或白色，身上分布有彩色斑纹，鳞片细密且具有光泽，鳍部特征显著，背鳍和臀鳍宽阔，尾鳍呈叉形，游动时表现出高度的灵活性。东江溪斑鱼的肉质鲜嫩细腻，具有良好的弹性，口感爽滑，无显著腥味。由于该鱼种在清澈的溪流中活动频繁，肌肉较为紧实，因此具有独特的口感。东江溪斑鱼是河源市重要的河鲜食材之一。

十一、东江山坑螺

东江山坑螺外观长圆锥形，大小2～4cm，壳体光滑坚硬，深褐色带光泽；螺旋部锥形，体螺层膨大，角质厣厚实，可紧密闭合；主要生活在东江流域的山涧和溪流，偏好清澈缓流水域。杂食性，食物多样，包括藻类、腐殖质等；肉质鲜嫩，风味独特，适合多种烹饪方式，如清蒸、爆炒和煮汤。此外，东江山坑螺具有滋补功效，是河源市优质河鲜食材。

十二、东江河蚌

东江河蚌，隶属于软体动物门蚌科，其壳体形态展现出显著的多样性，呈现出扁平且坚硬的特征，且随着年龄的增长，壳体颜色逐渐加深。其内部结构复杂，由外套膜、斧足等主要部分构成，这些结构在运动和水流引导方面发挥着关键作用；呼吸功能主要依赖于两片瓣鳃，而摄食则通过滤食水中微小生物实现。其肉质具有一定的韧性和嚼劲，风味独特，烹饪方式多样，包括煲汤、炒食和清蒸等，每种烹饪方法均能凸显其独特风味，是河源市的代表性河鲜食材。

4 河源深河粤菜师傅一条街县区非遗宴

　　河源市深河粤菜师傅一条街坐落于河源市区大同路，于2022年6月竣工。该街区创新性地构建了涵盖各县区的6个主题馆，以古朴典雅的装饰风格和色香味俱佳的特色美食吸引游客及市民。在县区主题馆内，墙上展示着各县区特色传统美食的海报。该街区聚集了众多河源粤菜名厨，每周举办"名厨厨艺展示"活动，市民可亲临现场学习粤菜制作，体验粤菜文化。深河粤菜师傅一条街致力于开发粤菜师傅创业培训的新模式，采用"师傅带徒弟"的方法培养人才，提供创业平台，并通过"教、学、做"一体化的模式开展研学、游学活动，深入挖掘河源客家菜的历史文化精髓和精湛技艺，为研学团体、青少年及对粤菜文化有兴趣的市民提供客家美食传统制作技艺的参观体验和研习交流平台。

　　深河粤菜师傅一条街也是对"粤菜师傅+休闲餐饮旅游"发展模式的深入探索，有效推动客家美食向产业化、规模化发展，形成旅游与美食相互促进的互动局面。在弘扬传统文化的同时，以点带面促进河源旅游消费和全域经济发展。据估算，该项目预计每年可实现本地农产品自销产值超过5000万元，带动旅游消费1.2亿元以上，培训"粤菜师傅"3000人次以上，带动就业创业6000人次以上，并间接促进1.2万人就业，其影响力显著，充分展现了其在当地经济和社会发展中的重要地位。

　　深河粤菜师傅一条街还致力于整合产业发展、强化人才培训、促进就业创业及服务"百县千镇万村高质量发展工程"。通过提供一个集美食、旅游、文化、培训、就业和创业于一体的综合性示范区，它成为当地产业发展的重要推动力量。在这里，游客不仅能品尝到美食，还能接受专业培训，找到就业机会，甚至创业。这种综合性的发展模式，对于推动当地经济发展、增加就业机会、促进社会稳定具有重要意义。深河粤菜师傅一条街紧邻河源市地标景点"亚洲第一高喷泉"，成为外地游客的必访打卡地。这种地理优势使得美食街能够吸引更多的游客前来参观和消费，从而进一步推动其发展。它不仅为当地经济发展注入了新的活力，也为传承和弘扬河源客家饮食文化作出了重要贡献。

在旅游旺季,该街上游客络绎不绝,人气旺盛,众多游客前来品尝古法铜盘鸡、车田豆腐、全猪汤、红葱油鸡等特色美食。该街不仅是品尝美食的场所,更是展示和传承客家饮食文化的重要平台。通过汇集五县两区的非物质文化遗产和传统美食,特别是县区传统一桌菜和传承一桌菜,游客们可以深入体验河源客家的饮食魅力。

第一节　河源深河粤菜师傅一条街县区非遗传统宴

一、蝉花土猪肉汤

（一）原料组成
猪龙骨300g，猪夹心肉500g，蝉花50g，纯净水1.5kg。

（二）菜肴调料
盐5g，味精8g，胡椒粒5g。

（三）制作技艺
1. 将猪龙骨砍成5cm长的块，猪夹心肉改刀成3cm大小的厚件，蝉花泡水清洗，备用。
2. 将砍好的猪龙骨和猪夹心肉放入汤盅，放入蝉花、胡椒粒、盐、味精，加入纯净水封上盖子，放入蒸柜用中大火蒸制1h即可。

（四）风味特色
味道鲜美，肉香味浓。

二、葱油走地鸡

（一）原料组成
农家走地鸡1250g（1只），农家红葱头300g。

（二）菜肴调料
盐3g，味精5g，鸡粉5g，生抽8g，生粉20g，花生油100g。

（三）制作技艺
1. 将农家走地鸡宰杀、清洗干净，鸡杂用适量生粉和盐清洗干净，备用。
2. 碗内放入盐水和鸡血，让鸡血凝固，用小火蒸制3min至熟，备用。
3. 将清理好的走地鸡和鸡杂放入蒸柜，用中大火蒸15min后取出，将鸡翻面再蒸10min至熟取出，备用。
4. 将蒸好的鸡涂抹上花生油，略微凉凉，放在熟砧板上将鸡砍件，摆回原型，放入改好刀的鸡血和鸡杂，备用。
5. 将农家红葱头的头尾去掉，用刀略拍一下，依次加入盐、味精、鸡粉、生抽搅拌均匀，放入花生油，淋在鸡面上，用小碗装上蒸鸡的原汁即可。

（四）风味特色
咸鲜葱香，鸡味浓郁。

三、杨氏酿扣肉

（一）原料组成

精五花肉800g，干香菇30g，干土鱿须30g，干蚝豉100g，姜片50g，葱段20g。

（二）菜肴调料

花生油1000g（耗油50g），盐3g，味精5g，生抽6g，蚝油3g，南乳3g，料酒100g，老抽5g，生粉3g。

（三）制作技艺

1. 将精五花肉的皮放入烧热的锅中烫一下，随后用刀细心刮除猪毛，并用清水彻底清洗，确保表面洁净。

2. 将已清洗的五花肉置于蒸柜中，同时加入姜片、葱段及适量料酒，以中大火蒸制约20min，直至五花肉熟透后取出，备用。

3. 对已蒸熟的五花肉，采用松肉针对猪皮进行适当处理，以松弛其表皮。随后，均匀撒上盐与生抽，涂抹均匀后放置于一旁，备用。

4. 加热油锅至油温达到约150℃，依次将干香菇、干土鱿须及干蚝豉放入锅中，炸干捞出，备用。

5. 保持油锅温度处于中高状态，将已上色的五花肉放入锅中，迅速盖上锅盖，通过浸炸的方式至五花肉表面呈现枣红色后捞出。随后，将炸好的五花肉放入冰水中，浸泡至其表面形成虎皮状，捞出后，备用。

6. 将炸好的扣肉改刀成2cm×8cm的厚件，接着使用小刀在每块扣肉的中间位置轻轻划开一刀，但需注意避免划穿。处理完毕后，备用。

7. 在每块改好刀的扣肉中间，酿入一片炸冬菇、一个炸蚝豉和一条土鱿须。

8. 将酿好的扣肉加入适量的盐、味精、生抽、蚝油、南乳、料酒及老抽，捞拌均匀后将扣肉整齐地摆放入扣碗中，并置于蒸柜中，以中大火蒸制约2h。

9. 取出，扣入碟中，将扣肉原汁倒入锅中用生粉勾芡，下老抽调色。封上面油，淋在酿扣肉上即可。

（四）风味特色

肥而不腻，肉香味浓。

四、东源义合鸭

（一）原料组成

义合清水鸭1500g（1只），薄荷50g，小米椒20g，独头蒜50g，姜20g，小葱30g，香菜20g。

（二）菜肴调料

盐3g，味精5g，生抽8g，花生油100g。

（三）制作技艺

1. 将清水鸭清洗干净，拔去幼毛，备用。
2. 将清洗干净的清水鸭放入蒸柜，用中大火蒸15min取出翻面再蒸10min至蒸熟取出，备用。
3. 在蒸熟的清水鸭表面均匀地涂抹上生抽，备用。
4. 起锅烧油，爆香姜、小葱、香菜、独头蒜，把上色的清水鸭用中小火慢慢地煎炸至金黄色，捞起，备用。
5. 将煎炸好的鸭子砍件，摆回原型，上面放上香菜装饰。
6. 将独头蒜、小米椒、薄荷用刀剁碎，加入适量盐、味精、生抽捞拌均匀。起锅烧热油淋在薄荷蘸料上，放入生抽和花生油即可。

（四）风味特色

浓香清甜，肉质紧实。

五、和平酿苦瓜干

（一）原料组成

精五花肉100g，和平苦瓜干100g，眉豆100g，薄荷30g，小米椒20g，排骨200g。

（二）菜肴调料

清汤150g，盐3g，味精5g，鸡粉5g，胡椒粉2g，生粉3g。

（三）制作技艺

1. 将苦瓜干和眉豆分别提前一天晚上用冷水浸泡，备用。
2. 将泡好的眉豆放入蒸柜蒸10min至熟，备用。
3. 将精五花肉用刀剁碎成肉馅，把薄荷和小米椒剁碎，加入蒸熟的眉豆，放入适量盐、味精、鸡粉、胡椒粉、生粉，捞拌均匀，制成酿苦瓜干馅，备用。
4. 将泡好水的苦瓜干清洗干净，中间抹上少许生粉，酿入制好的馅，备用。
5. 将砍好的排骨垫底，面上摆上酿好的苦瓜。加入清汤，放入盐、味精、鸡粉、胡椒粉调味，封上保鲜膜，放入蒸柜中大火蒸40min至软烂即可。

（四）风味特色

汤清味美，苦瓜软烂。

六、土法水煮万绿湖鲈鱼

（一）原料组成
万绿湖鲈鱼750g，姜50g，红葱头50g，蒜子20g，香菜10g。

（二）菜肴调料
盐5g，味精6g，鸡粉8g，胡椒粉3g，料酒2g，生粉5g，花生油100g。

（三）制作技艺
1. 将鲈鱼清洗干净，砍成2cm×8cm的厚件。将姜切成姜角，红葱头和蒜子去掉头尾，用刀略拍一下，香菜切成段，备用。
2. 将砍好的鲈鱼件放入盐、胡椒粉、料酒、味精、鸡粉、生粉腌制3min入味，封上花生油，备用。
3. 起锅烧油爆香料头，将腌制好的鲈鱼件放入锅中，加上锅盖中小火焗1min，翻面再加盖焗2min至七成熟。赞酒加入热水用中大火煮至鱼肉成熟，汤汁浓稠，装盘淋上花生油，面上撒上香菜段即可。

（四）风味特色
肉质滑嫩，汤汁浓香。

七、紫金生炒牛肉

（一）原料组成
吊龙牛肉300g，姜100g，小葱100g，蒜子10g。

（二）菜肴调料
盐1g，味精3g，鸡粉3g，蚝油2g，生抽3g，老抽1g，生粉2g，胡椒粉2g，料酒2g，花生油50g。

（三）制作技艺
1. 将吊龙牛肉切成片，姜切成片，小葱切成段，蒜子用刀略拍一下，备用。
2. 将切好的牛肉放入料酒、盐、味精、鸡粉、蚝油、生抽、老抽、胡椒粉、生粉腌制入味，封上花生油。
3. 起锅烧油爆香料头，将腌制好的牛肉平铺在锅中，加盖中火焗1min，将牛肉翻面再焗1min，赞酒勾芡，用猛火快速翻炒出锅装盘即可。

（四）风味特色
肉质滑嫩，鲜香味浓。

八、车田酿豆腐

（一）原料组成

车田炕豆腐4块，精五花肉150g，猪油渣30g，红葱头20g，小葱10g。

（二）菜肴调料

盐2g，味精5g，鸡粉3g，蚝油2g，生抽3g，老抽1g，花生油50g，胡椒粉3g，生粉3g。

（三）制作技艺

1. 将五花肉、猪油渣、红葱头剁成肉馅，放入适量盐、味精、鸡粉、胡椒粉、生粉捞拌均匀，摔打上劲制成豆腐馅，备用。
2. 将车田炕豆腐改刀，中间一切为二，呈三角形。用筷子在豆腐中间夹掉多余的豆腐，酿入猪肉馅，备用。
3. 起锅烧油放入豆腐，肉馅部分朝下。豆腐面上撒上盐、味精和胡椒粉，用中火煎至豆腐馅部分金黄，放入适量的肉汤加盖焖煮3min至豆腐熟透，备用。
4. 用适量味精、蚝油、生抽、老抽、胡椒粉、生粉调一个碗芡，将碗芡淋在豆腐面上，大火收汁至汁芡浓稠，色泽金黄，备用。
5. 将砂锅烧热，将焖好的车田豆腐放入砂锅，面上淋上花生油，撒上葱花即可。

（四）风味特色

豆香扑鼻，滑嫩浓香。

九、猪油渣炒菜心

（一）原料组成
菜心500g，猪油渣50g，蒜子10g。

（二）菜肴调料
盐5g，味精5g，生粉5g，花生油50g。

（三）制作技艺
1. 将菜心清洗干净，改刀成10cm的段，蒜子用刀略拍一下，备用。
2. 起锅烧油爆香猪油渣和蒜子，倒入菜心，放入盐和味精猛火爆炒至熟，生粉勾芡加入包尾油出锅装盘即可。

（四）风味特色
爽脆清甜，锅气浓郁。

十、河源炒米粉

（一）原料组成
河源米粉400g，鸡蛋2个，小葱10g，生菜50g，木耳20g，香菇20g。

（二）菜肴调料
盐1g，味精3g，蚝油2g，生抽4g，老抽1g，胡椒粉2g，花生油50g。

（三）制作技艺
1. 将米粉放入热水浸泡至散，过凉水，用篮子沥干水，备用。
2. 将生菜切成段，小葱切成葱花，木耳和香菇切成丝，备用。
3. 起锅烧油，倒入打好的鸡蛋用中大火炒香，再倒入米粉、木耳丝和香菇丝爆炒，加入盐、味精、蚝油、生抽、胡椒粉调味，老抽调色，快速翻炒至焦香，撒上葱花出锅装盘即可。

（四）风味特色
米香四溢，韧性十足。

第二节　河源深河粤菜师傅一条街县区非遗传承宴

一、灵芝土鸡汤

（一）原料组成

老鸡800g，龙骨300g，灵芝50g，姜片5g，纯净水1.5kg。

（二）菜肴调料

盐5g，味精6g，鸡粉3g，料酒5g。

（三）制作技艺

1. 将老鸡和龙骨清洗干净，砍成3cm×8cm的块，灵芝泡水，备用。
2. 起锅烧水下料酒，下老鸡和龙骨飞水，煮至出血沫捞出冲洗干净，备用。
3. 把飞好水的老鸡、龙骨、姜片、灵芝放入汤盅，加入纯净水，放入盐、味精、鸡粉，封保鲜膜，放入蒸柜用中大火蒸4h即可。

（四）风味特色

汤清味美，清肝健体。

二、七彩手撕鸡

（一）原料组成

走地鸡1250g（1只），洋葱20g，青椒20g，红椒20g，香芋20g，京葱20g，姜20g，野山椒20g，熟白芝麻5g，熟花生碎5g。

（二）菜肴调料

盐焗鸡粉50g，鸡粉5g，麻油8g，黄栀子粉10g，盐5g。

（三）制作技艺

1. 将走地鸡清洗干净，沥干水，备用。
2. 起锅烧水放入盐、盐焗鸡粉、鸡粉、黄栀子粉调味调色，制成盐焗鸡卤水，备用。
3. 将走地鸡放入盐焗鸡卤水，小火浸15min至熟，关火浸泡10min捞出，备用。
4. 将七彩配料全部切成丝，分开摆围成一个圆形，备用。
5. 将浸好的盐焗鸡的鸡皮和鸡肉分开，鸡肉用手撕成丝，放熟白芝麻、熟花生碎、麻油捞拌均匀，鸡肉丝垫底，鸡皮放面上，摆盘放在七彩配料的中间即可。
6. 上桌后客人将手撕鸡和七彩配料捞拌均匀，便可食用。

（四）风味特色

咸香清爽，口感丰富。

三、咸蛋黄酿腩

（一）原料组成

精五花肉1000g，咸蛋黄10个，姜10g，红葱头10g，蒜子10g，红枣5g，香菜2g。

（二）菜肴调料

盐1g，味精5g，生抽10g，蚝油3g，片糖5g，米酒30g，老抽2g。

（三）制作技艺

1. 将精五花肉去毛清洗干净，放入蒸柜蒸15min至熟，备用。
2. 将蒸好的五花肉改刀去除多余的边料，用特制的空心钢管在五花肉中间穿个洞，酿入咸蛋黄后用牙签封口，备用。
3. 起锅烧油将整条五花肉煎至金黄色，爆香料头，赞酒后放入适量的水，放入片糖、生抽、蚝油、盐、味精、老抽调色调味，加锅盖中小火焖煮30min，开中火收汁至颜色红亮，汤汁浓稠捞出，备用。
4. 将焖煮好的咸蛋黄酿腩切片摆整齐，面上淋上原汁封保鲜膜。放入微波炉，高火打3min，点缀红枣、香菜即可。

（四）风味特色

咸香味美，酱味浓郁。

四、客家酸酒鸭

（一）原料组成

清水鸭1500g（1只），青红尖椒50g，老姜5g，小米椒5g，香菜2g。

（二）菜肴调料

客家酸酒50g，盐10g，味精5g，胡椒粉5g，白糖50g，料酒10g。

（三）制作技艺

1. 将清水鸭去除内脏，清洗干净，沥干水。
2. 将洗净的鸭子全身均匀地抹上适量盐、味精、料酒、胡椒粉。
3. 将鸭放入蒸柜，用中大火蒸30min至熟。
4. 将青红尖椒、老姜、小米椒用刀拍一下，再剁成蓉状，倒入客家酸酒，放入适量盐、味精、白糖调一个客家酸酒汁，备用。
5. 将蒸熟的清水鸭砍件，摆回原型，淋上调好的客家酸酒汁即可。

（四）风味特色

酸辣可口，开胃鲜香。

五、河虾汤煮凉瓜青

（一）原料组成

河虾200g，凉瓜500g，姜5g。

（二）菜肴调料

盐2g，味精3g，鸡粉3g，胡椒粉2g，料酒3g。

（三）制作技艺

1. 将凉瓜用削皮刀削成凉瓜青，冲水至硬身，备用。
2. 将姜切粒爆香放入河虾爆炒至干身，赞酒放入热水，大火滚至汤浓白，放入盐、味精、鸡粉、胡椒粉调味，备用。
3. 将凉瓜青放入河虾汤，用中火略煮至翠绿色，加尾油出锅装盘即可。

（四）风味特色

虾汤浓郁，凉瓜爽脆。

六、万绿芙蓉鲈鱼

（一）原料组成

鲈鱼750g，鸡蛋5个，小葱10g。

（二）菜肴调料

盐3g，味精5g，鸡粉3g，胡椒粉2g，花生油50g，生粉10g。

（三）制作技艺

1. 将鲈鱼清洗干净，用刀把鱼头和鱼尾完整地切下来。从鱼背部起刀，把两片鱼肉剔下来，改刀成双飞片。鱼骨腩砍件，小葱切成葱花，备用。
2. 将鱼头、鱼尾、鱼片、鱼骨腩分别用适量盐、味精、鸡粉、胡椒粉、生粉腌制入味，封上花生油，备用。
3. 将5个鸡蛋打散，放入同量的水，加入盐、味精、鸡粉搅拌均匀，倒入鱼盘底部，放入蒸柜用慢火蒸3min至熟取出，备用。
4. 将鱼头、鱼尾、鱼骨腩放入蒸柜，用猛火蒸5min至熟取出。将腌制好的鱼片均匀地摆在水蛋面上，放入蒸柜用中火蒸3min，鱼片熟透取出，备用。
5. 将鱼头、鱼尾和鱼骨腩摆回原型，撒上葱花、淋上花生油即可。

（四）风味特色

鲜甜滑嫩，造型美观。

七、野山椒炒牛肉

（一）原料组成

吊龙牛肉300g，野山椒100g，香菜100g，小米椒100g，蒜子5g，姜5g。

（二）菜肴调料

盐1g，味精3g，鸡粉3g，蚝油2g，生抽3g，老抽1g，生粉2g，胡椒粉2g，料酒2g，花生油50g。

（三）制作技艺

1. 将吊龙牛肉切成片，香菜切成段，小米椒从中间一开为二，姜切成粒，蒜子用刀略拍一下，备用。
2. 将切好的牛肉下老抽、料酒、盐、味精、鸡粉、蚝油、生抽、胡椒粉、生粉腌制入味，封上花生油。
3. 起锅烧油爆香料头和野山椒，腌制好的牛肉平铺在锅中，加盖中火焗1min，将牛肉翻面再焗1min，赞酒勾芡，用猛火快速翻炒出锅装盘即可。

（四）风味特色

肉质滑嫩，香辣可口。

八、金汤翡翠豆腐

（一）原料组成
车田炕豆腐4块，红腰豆200g，西蓝花50g，枸杞5g，南瓜蓉20g。

（二）菜肴调料
盐2g，味精3g，鸡汁3g，浓鸡汤150g。

（三）制作技艺
1. 将车田炕豆腐一刀为二切成骨牌件，西蓝花去除根茎，枸杞泡水，备用。
2. 将车田炕豆腐放入锅中，用中小火煎至两面金黄，备用。
3. 起锅烧水，放入适量盐，将红腰豆和西蓝花飞水，备用。
4. 烧热砂锅，红腰豆垫底，面上摆上煎好的车田炕豆腐，西蓝花围边，备用。
5. 起锅将浓鸡汤放入锅中，用适量盐、味精、鸡汁调味，用南瓜蓉调色，勾琉璃芡淋在豆腐上，中间用枸杞点缀即可。

（四）风味特色
豆腐滑嫩，汤浓鲜香。

九、淮山汁浸豆苗

（一）原料组成
鲜淮山200g，豆苗500g，红枣10g。

（二）菜肴调料
盐2g，味精3g，鸡汁3g，花生油50g。

（三）制作技艺
1. 将鲜淮山去皮切成块蒸10min至熟，放入破壁机，加水破壁成淮山汁，备用。
2. 起锅放入淮山汁调味，放入豆苗，用中火浸至刚熟，放入尾油出锅装盘，面上放上红枣点缀即可。

（四）风味特色
原汁原味，健康养胃。

十、生炒牛肉饭

（一）原料组成

炒饭专用米500g，卤牛肉50g，鸡蛋2个，红葱头10g，小葱5g。

（二）菜肴调料

盐1g，味精3g，生抽3g，胡椒粉2g，鸡粉5g，老抽1g，花生油30g。

（三）制作技艺

1. 将炒饭专用米加入凉水没过面浸8min，用密篱将水隔干净，放入蒸柜，用猛火蒸8min至熟打散，备用。
2. 将卤牛肉和红葱头剁成粒，小葱切成葱花，备用。
3. 起锅，将锅烧红放入油，润一下锅，放入鸡蛋炒香，再倒入牛肉粒和红葱头粒爆香，倒入蒸好的米饭快速翻炒，炒散，放入盐、味精、鸡粉、胡椒粉、生抽、老抽调味调色。炒散，炒至米饭干香后撒上葱花，出锅用码兜装好扣在盘子上即可。

（四）风味特色

干香四溢，粒粒分明。

第三节 河源市名优代表性粤菜师傅烹饪食材农产品推介

一、河源船塘牛肉

河源船塘牛肉以其优良品质著称，得益于船塘镇悠久的牛市交易历史。该镇地理位置优越，拥有丰富的山地和草地资源，适合多种牛养殖，包括本地土种牛和引进的利木赞牛等。船塘牛肉质鲜美，营养丰富，富含多种人体所需营养素。船塘镇牛市曾是周边地区重要的交易市场，对当地经济起到了重要的推动作用。如今，河源市区及周边地区许多餐馆以船塘牛肉为特色，提供多样化的牛肉菜品，广受消费者欢迎。

二、枫树坝水库鱼

枫树坝水库鱼产自广东省河源市龙川县，以其优良的生长环境著称，水质清澈无污染，水温适宜且生态丰富，为鱼类提供了绝佳的生长条件。水库内鱼类繁多，包括草鱼、鳙鱼、鲢鱼等，自然生长，品质上乘，肉质鲜美细腻，营养丰富，富含对人体有益的蛋白质、维生素及矿物质，且绿色健康，无污染。此外，当地还以枫树坝水库鱼为原料，制作出口感酥脆、便于保存携带的鱼干等特色加工产品。

三、东瑞供港猪肉

东瑞供港猪肉源自河源市上市企业东瑞食品集团，自2003年起即获供港澳活猪饲养场资格，拥有丰富的供港经验。公司采用自育自繁自养一体化生态养殖模式，结合自主研发的"高床发酵型养猪系统"，实现生态循环养殖。在品质管控上，公司严格遵循香港标准，确保无抗生素添加，全程监控保障质量稳定。其产品肉质优良、瘦肉率高、口感好，且通过完善物流体系保持高新鲜度。作为内地供港活猪三大供应商之一，东瑞股份在香港市场占有重要地位，品牌知名度高，深受香港消费者和代理商好评。

四、河源太二鲈鱼养殖基地

河源太二鲈鱼养殖基地由广东太二农业科技有限公司运营，该公司由九毛九集团和广东凯船农业科技合作成立。基地投资3.5亿元，一期投资1.3亿元，占地2.6万平方米，拥有390个圆形养殖池。采用工厂化循环水养殖技术，实现废水再利用和臭氧消毒，鱼苗经标粗后投入养殖。基地产量高，预计年产值超8亿元，并带动周边400名养殖户参与，每桶纯利润可达1.5万元。所产加州鲈鱼主要供应九毛九集团旗下"太二酸菜鱼"品牌。

五、广东省级腐竹基地

广东润泽食品有限公司旗下的润泽腐竹基地成立于2008年，是集腐竹研发、种植、生产、销售于一体的省级重点农业龙头企业，拥有"东江缘味""老沸墩"等多个知名品牌，其中"贝乡源"荣获多项荣誉。基地位于和平县贝墩镇，占地120亩，总投资约3亿元，结合600多年传统制作工艺与现代技术，采用工厂化生产模式。直接带动300名村民就业，间接惠及1000人，每年为周边村集体创收数十万元。该基地作为和平县腐竹省级现代农业产业园的实施主体，对推动腐竹产业标准化、规模化发展起着重要作用。润泽腐竹色泽金黄、豆香浓郁，零添加，畅销国内外，与多家连锁餐饮、商超建立长期合作。

5 龙川县非遗赵佗家宴

龙川县，坐落于广东省东北部，是东江和韩江的发源地。北与江西省的寻乌县、定南县接壤，东邻梅州市的五华县和兴宁市，南与东源县相连，西边则是和平县。县城所在地为老隆镇。该县属于亚热带季风气候，气候宜人，降水充沛，阳光充足。截至2024年2月，龙川县总面积达到3081.3平方公里，下辖24个镇，户籍人口约为98.18万人，其中海外华侨和港澳台同胞人数高达34.1万人。

龙川县拥有悠久的历史，是广东省最早的四个县之一，也是联合国地名专家组和我国民政部共同认定的"千年古县"。龙川县的初始版图涵盖了现今的龙川、河源、五华、兴宁、连平、和平等县及其周边的一些地区。自秦代设立县治以来，赵佗曾担任县令，县治设在今天的佗城。秦末南海郡郡尉任嚣去世后，赵佗接替其职位，自立为南越武王，龙川成为南越国的一部分。汉武帝灭南越国后，龙川仍隶属于南海郡。自晋代起，龙川多次析置新县，兴宁、河源、新丰等县均由此分出，并曾改名为雷乡、雷江等。到了明朝，县境才基本稳定下来。五代时期，龙川设立循州，州治位于佗城，直至明初循州废除，龙川归属惠州府，直至民国初期。中华人民共和国成立后，龙川县的隶属关系多有变动，先后隶属于东江专区、粤东行政区、惠阳专区、韶关专区、惠阳地区等。1988年河源市升格为地级市后，龙川县划归其管辖至今。

龙川县地处广东与江西两省的交界处，历来是水路交通要道，是著名的岭南古邑，有"居郡上游，当江赣之冲，为汀潮之障，则固三省咽喉，四周门户"之称。佗城，作为龙川的故治，已有2000多年的历史，曾是政治、经济、军事的中心，历任州、县、路治所，是广东著名的岭南古城。此外，龙川因地理位置特殊，成为中原民众南迁的重要通道。自秦代起，这里就成为中原民众的聚居地，如今是著名的客家古邑。龙川境内的霍山被誉为"客家圣山"。为了纪念赵佗，龙川县有许多以"赵佗"命名的事物，包括物产、学校、建筑等。赵佗家宴的具体菜品有详细记载，当地的一些传统美食是"赵佗家宴"的一部分。当年赵佗的中原南下大军来自五湖四海，姓氏不同，风俗各异。每逢节假日，赵佗都会举办家宴，以缓解军民的思乡之情，并促进岭南地区军民及各族百姓之间的和谐共处与融合发展。他采用各家各姓的家传菜肴招待军民，通过诗书化国俗的政策引导岭南从原始社会迈向文明时代。这种独特的宴会形式，后来被称为赵佗家宴，亦称百家姓围龙宴。

公元前208年，南海郡尉任嚣病重，令赵佗接任。龙川的百姓闻讯后，从四面八方聚集到龙川城下，为恩人送行。按照当地风俗，龙川的子民们准备了自家的祖传菜和佳酿为赵佗饯行。据说，因送行人数众多，百姓准备的菜肴和家酿摆满了整整绕龙川城墙一圈，这在历史上是规模最宏大、最壮观的一次百家姓围龙宴。

如今，赵佗家宴（龙川客家百家姓围龙宴）经过2000多年的继承、弘扬和发展，已成为岭南地区客家人接风、践行的最高接待礼仪。在这样的宴席上，各族各姓身穿节日盛装、载歌载舞，按照祖传配方秘制各家各姓的美味佳酿招待最尊贵的宾客。近200个姓氏，近200道历经2000余年继承、融合、发扬的佳肴，每桌酒菜各有特色。其具体仪式包括屋前候人、靓茶迎宾、百姓送肴、各家酿酒、好事带上、山歌开场、竹马登台、禾坪唱戏、过桌夹菜、走席敬酒、围龙转运、门口送客等，让宾客能亲身体验赵佗"和辑百越、文德教化"的氛围，尽享舌尖上的岭南客家美味，有宾至如归、回味无穷、流连忘返之感。

赵佗家宴不仅是一种美食盛宴，更是客家文化和赵佗治理理念的传承与体现，它展示了佗城丰富的历史文化底蕴和独特的民俗风情。

第一节　龙川县非遗传统赵佗家宴

一、龙川八宝鱼生

（一）原料组成
草鱼1800g。

（二）菜肴调料
盐10g，鱼腥草10g，蒜蓉10g，熟白芝麻10g，炒米10g，炸花生米10g，姜丝10g，高山茶油10g。

（三）制作技艺

1. 选择养殖时间超过一年的活草鱼，置于暂养池中瘦身净养至少3天以备后用。
2. 在草鱼的下巴部位进行改刀，彻底放血后备用。
3. 放血后的草鱼开膛去除内脏，用刀从尾部沿鱼脊斜向鳃部划开，取下两侧鱼肉，并擦拭干净血迹备用。
4. 将处理好的鱼肉置于洁净砧板上，用适当的刀具剔除鱼骨，去除鱼皮，刮去鱼鳞，确保鱼肉色泽洁白、晶莹剔透，背部肉质呈现褐红色并带有紫铜光泽，质地清脆鲜嫩。
5. 将处理好的净鱼肉用一次性吸水纸吸干表面水分，切成均匀薄片，生鱼片的厚度应保持在1~2mm。将切好的鱼片摆放在经过清洗消毒的竹筛上，或用保鲜膜分隔的冰盘上，装盘后即可搭配八宝鱼佐料享用。

（四）风味特色
清甜爽口，鱼香浓郁。

二、自美猪肉汤

（一）原料组成
猪龙骨100g，土猪夹心肉300g，山泉水1.5kg，葱花5g。

（二）菜肴调料
盐10g，白胡椒粉5g，高山茶油5g。

（三）制作技艺

1. 将猪龙骨切成2cm的块状，土猪夹心肉则切成1cm的厚片备用。
2. 将切好的龙骨和夹心肉放入钵皮盘中，加入盐调味，倒入山泉水后覆上保鲜膜。然后，将盘子放入蒸柜中，用中火蒸制45min。在出菜前，淋上高山茶油，并撒上葱花和白胡椒粉即可。

（四）风味特色
味道清甜，肉香四溢。

三、佗王百岁鸡（古法纸包鸡）

（一）原料组成

农家走地鸡1250g（1只）。

（二）菜肴调料

花生油1000g（耗油50g），高山茶油50g，盐3g，味精5g，五香粉6g，生粉3g。

（三）制作技艺

1. 将农家走地鸡清洗干净，砍成8cm长、3cm宽的骨牌形块状，沥干水后备用。
2. 在鸡块上均匀地撒上盐、味精、五香粉、生粉，并淋上高山茶油，腌制至充分入味后备用。
3. 将腌制好的鸡块用玉扣纸包裹成骨牌件备用。
4. 起锅烧油，油温至150℃，将包裹好的鸡块放入，用中火炸制2min至熟透，随后转大火炸1min，直至表面呈现枣红色泽，捞出后装盘即可。

（四）风味特色

鲜嫩多汁，五香味浓。

四、好事五福肉（蚝焖猪脚）

（一）原料组成

猪前脚1000g，蚝豉150g，老姜50g。

（二）菜肴调料

盐3g，味精5g，生抽6g，蚝油8g，米酒10g，老抽5g，八角2g，白酒10g，花生油50g。

（三）制作技艺

1. 将新鲜的猪前脚用火焰去除猪毛，彻底清洗干净后，从中间剖开，然后切成宽约3cm的块状，老姜切成姜角备用。
2. 起锅冷水下锅下入白酒，倒入猪脚飞水去除血沫，冲洗干净备用。
3. 起锅烧油，倒入猪脚用中小火将猪脚炒干水分，色泽微黄时倒出，蚝豉用160℃油炸香捞出备用。
4. 起锅烧油，放入姜角用小火将姜爆至表面金黄，倒入猪脚用中火爆炒出香味，放入米酒和生抽炒至上色。加入过面的水和蚝豉，加入八角、味精、蚝油、盐调味，用大火滚1min转小火加盖焖25min至软烂，放入老抽调色转大火收汁，收至汁浓稠，色泽枣红，装盘即可。

（四）风味特色

软烂入味，肉香味浓。

五、佗王三卷（赵氏菜卷、赵氏春卷、赵氏鱼腐卷）

（一）原料组成

勺麦菜300g，糯米100g，虾米20g，土鸡蛋200g，猪肉胶100g，腐皮100g，鱼胶100g，香菜2g。

（二）菜肴调料

花生油1000g（耗油50g），盐8g，味精10g，胡椒粉10g，生抽5g。

（三）制作技艺

1. 将糯米蒸熟加虾米调味炒香制成虾米糯米饭，起锅烧水将勺麦菜飞水，过凉水备用，将勺麦菜放入糯米饭包卷成菜卷备用。
2. 将土鸡蛋打散，用不粘锅煎成圆形蛋皮，在蛋皮上放入猪肉胶，卷成椭圆形的蛋卷蒸10min至熟备用。
3. 将腐皮改刀成长12cm、宽8cm的长方片，中间放入制好的鱼胶，卷成圆柱形，放入油锅炸至熟透，色泽金黄捞出备用。
4. 将三种卷依次整齐装盘，放入蒸柜蒸6min，热透上菜即可。

（四）风味特色

鲜爽可口，口感丰富。

六、感恩娘酒（蛋酿娘酒）

（一）原料组成

土鸡蛋6个，客家黄酒糟200g。

（二）菜肴调料

白糖50g，红枣2颗，枸杞少许。

（三）制作技艺

1. 将客家黄酒糟与适量的水和白糖混合调味后，加入整个去壳的生土鸡蛋备用。
2. 将红枣、枸杞放入调制好的酒娘蛋中，置于蒸柜中，用中火蒸制10min，直至其刚好熟透，随后取出即可。

（四）风味特色

酒蛋香甜，滋补佳品。

七、佗王豆腐（香葱烙豆腐）

（一）原料组成
盐卤豆腐300g，小葱10g，五花肉100g，红葱头10g。

（二）菜肴调料
盐2g，味精5g，生抽3g，蚝油3g，生粉10g，胡椒粉5g，花生油50g。

（三）制作技艺
1. 将五花肉与红葱头一同剁碎，制成肉馅，然后加入适量盐、味精、蚝油、生粉和胡椒粉，搅拌均匀以制作成豆腐馅。接着，将盐卤豆腐切成5cm大小的厚片，小葱则切成葱花备用。
2. 在豆腐块中间挖出一个小洞，填入肉馅后备用。
3. 起锅烧油，将豆腐块整齐地摆入锅中，表面均匀地撒上适量盐和味精。用中小火将豆腐煎至金黄色，淋入生抽，整齐地装盘。最后，在豆腐面上撒上葱花即可。

（四）风味特色
外焦里嫩，豆香味浓。

八、黄氏状元肉（马鲛咸鱼蒸五花肉）

（一）原料组成
五花肉350g，马鲛咸鱼50g，老姜10g，小葱10g。

（二）菜肴调料
盐2g，味精5g，生抽2g，蚝油3g，老抽2g，胡椒粉2g，生粉5g，花生油50g。

（三）制作技艺
1. 将五花肉用刀刮去猪毛，改刀成一元硬币厚度的五花肉片，老姜改刀成姜丝，小葱改刀成葱花备用。
2. 将五花肉片下盐、味精、生抽、蚝油、生粉、胡椒粉、姜丝调味，捞拌均匀。下老抽调色。放入花生油封面，捞均匀后备用。
3. 将捞好的五花肉平铺在盘子上，面上放上马鲛咸鱼，放入蒸柜用中大火蒸8min，至刚熟取出，撒上葱花即可。

（四）风味特色
咸香下饭，嫩滑多汁。

九、美人金缕玉衣（酿鱼裹金甲）

（一）原料组成

东江大鲤鱼1300g，五花肉100g，香菇50g，姜片5g，葱段5g。

（二）菜肴调料

盐5g，味精8g，生抽8g，蚝油3g，老抽3g，料酒10g，胡椒粉8g，生粉10g，花生油1000g（耗油50g）。

（三）制作技艺

1. 将东江大鲤鱼宰杀干净，鱼肚开刀，不要去鳞，洗净备用。
2. 将五花肉和香菇剁成肉馅，放入盐、味精、胡椒粉、生粉调味，摔打上劲备用。
3. 放入盐、味精、胡椒粉、生粉，将鲤鱼腌制入味，再将制好的肉馅酿入鲤鱼肚子备用。
4. 起锅烧油，油温至150℃，放入酿鲤鱼用中大火炸至外表金黄捞出备用。
5. 起锅烧油，爆香料头，倒入料酒，放入适量的水。倒入酿鲤鱼用大火烧开，下适量盐、味精、生抽、蚝油、胡椒粉调味，转中小火加锅盖焖5min至熟捞出装盘，原汁用生粉勾芡，老抽调色，封上面油，淋在鱼面上即可。

（四）风味特色

鱼味香浓，嫩滑多汁。

十、皇统无疆凤珠氽（鱼头鱼丸煲）

（一）原料组成

枫树坝大头鱼2500g，姜10g。

（二）菜肴调料

盐5g，味精8g，料酒10g，胡椒粉8g，生粉10g。

（三）制作技艺

1. 将大头鱼宰杀干净，用刀在背骨处各划一刀取出净鱼肉，鱼头和鱼骨砍件备用。
2. 将净鱼肉用刀角将鱼肉刮成鱼蓉，放在砧板上用刀剁成细蓉，鱼蓉加入适量盐用手搓起胶，再放入适量味精、胡椒粉、生粉搓至起胶，用手摔打上劲备用。
3. 起锅烧油，下姜和鱼骨，用中小火将鱼骨煎至两面金黄，煎透，烹入料酒。放入热水用大火滚10min。滚至汤色奶白，香浓。用密篱将鱼骨渣隔掉，留鱼汤备用。
4. 起锅将鱼汤烧开，下鱼头和鱼丸用小火浸熟，放入适量盐、味精、胡椒粉调味。鱼头垫底，鱼丸铺面，淋上鱼汤装盘即可。

（四）风味特色

汤浓味美，鱼丸爽口。

十一、百家围龙宴（酿菜拼盘）

（一）原料组成
土鸡蛋2个，苦瓜100g，茄子100g，尖椒100g，豆腐100g，五花肉100g，香菇50g。

（二）菜肴调料
肉汤200g，花生油50g，盐5g，味精8g，生抽8g，蚝油3g，老抽3g，料酒10g，胡椒粉8g，生粉10g。

（三）制作技艺
1　将五花肉和香菇剁成肉馅，加入适量盐、味精、胡椒粉、料酒、生粉调味，用手摔打上劲。制成肉馅备用。

2　将苦瓜改刀成4cm高的圆柱形，茄子改刀成双飞件，尖椒改刀成尖椒件，豆腐改刀成长方件备用。

3　将苦瓜、茄子、尖椒、豆腐分别酿入肉馅，起锅烧油，用小火下入蛋液，中间放入肉馅，裹成饺子状，煎至两面金黄，制成蛋饺备用。

4　将酿好的食材整齐地放入砂锅，加入肉汤，加入适量盐、味精、胡椒粉调味，用中小火煲5min至熟，再用生抽、蚝油、老抽勾芡，淋上尾油即可。

（四）风味特色
软烂入味，口感丰富。

十二、和辑百越（赵氏腊味）

（一）原料组成
腊肠100g，腊肉100g，腊鸭100g。

（二）菜肴调料
生抽3g，花生油20g。

（三）制作技艺
1　将腊肠和腊肉改刀成片整齐地摆在盘中，腊鸭用刀砍成片整齐摆在盘中备用。

2　将腊味拼盘放入蒸柜用猛火蒸5min至熟取出，淋上生抽和花生油即可。

（四）风味特色
咸香味美，肉质紧实。

十三、玉色佳人粄(柴鱼虾米猪肉糯米粄)

(一)原料组成

五花肉100g,虾米20g,柴鱼20g,糯米300g,麦豆100g,荞苗50g。

(二)菜肴调料

盐5g,味精5g,生抽8g,老抽3g,胡椒粉10g,花生油50g。

(三)制作技艺

1. 将糯米提前一天泡水,泡至糯米软透备用。
2. 将五花肉改刀成小丁,虾米泡水,柴鱼切碎,荞苗改刀成1cm的小段备用。
3. 起锅烧油,下五花肉用中小火爆炒至金黄色,倒入虾米和柴鱼碎爆香,倒入麦豆和糯米用中小火炒干水分至微黄,放入过面的水盖上锅盖,用小火焖15min至水干至熟,放入盐、味精、生抽、胡椒粉调味,老抽调色。最后,倒入荞苗段炒均匀出锅装盘即可。

(四)风味特色

软糯可口,香气四溢。

第二节 龙川县非遗一镇一味宴

一、田心八宝鱼生

（一）原料组成

田心草鱼2000g。

（二）菜肴调料

炸花生米20g，熟白芝麻8g，鱼腥草8g，炒米15g，蒜蓉15g，姜丝10g，盐5g，茶油10g。

（三）制作技艺

1. 前期处理：在鱼头下巴处改刀放净鱼血，随后开膛除内脏。用刀从鱼尾斜贴鱼脊划向鳃部，取下两侧鱼肉，擦干血水。

2. 鱼肉初加工：把处理好的鱼肉放在洁净的砧板上，用合适刀具剔鱼骨、脱鱼皮、刮鱼鳞，保证鱼生肉色洁白晶莹，背部肉质褐红透紫铜光，质地清脆鲜嫩。

3. 切片摆盘：净鱼肉用一次性吸水纸吸干表面水，切成1～2mm厚的薄片。将鱼片摆放在洗净消毒的竹筛中，或用保鲜膜分隔的冰盘里，随鱼生料一同装盘。

（四）风味特色

鲜嫩爽滑，鱼香鲜甜。

二、老隆猪肚煲鸡

（一）原料组成

走地鸡1250g，新鲜农家猪肚1000g，老姜10g，猪龙骨500g，新鲜鸡爪200g，红葱头10g。

（二）菜肴调料

盐8g，味精10g，胡椒粒15g，白醋100g，生抽8g，生粉200g。

（三）制作技艺

1. 将农家猪肚翻过来，用剪刀剪去多余的油脂，放入生粉和白醋，用力揉搓均匀，用水冲洗干净。将走地鸡掏去内脏，拔去幼毛，清洗干净，猪龙骨砍成块，用剪刀剪去鸡爪的指甲备用。
2. 将走地鸡整个塞进猪肚里面，放入适量胡椒粒，用牙签封住猪肚的切口备用。
3. 起锅烧水，将猪肚、猪龙骨、鸡爪分开飞水，除去血沫，冲洗干净备用。
4. 将飞好水的鸡爪和猪龙骨放入砂锅垫底，放入胡椒粒和老姜，面上放入猪肚鸡，加入适量的清水。用大火烧开煲3min转小火煲45min，煲至猪肚熔身捞出，转大火滚10min，把汤滚至奶白色，放入盐、味精调味。上桌时将猪肚和鸡改刀，按原型整齐摆盘，跟上红葱头酱油即可。

（四）风味特色

爽脆嫩滑，汤浓味美。

三、鹤市白切鸡

（一）原料组成
农家鸡1300g，老姜50g，小葱20g。

（二）菜肴调料
盐15g，味精10g，料酒30g，胡椒粉10g，高山茶油30g。

（三）制作技艺
1. 将农家鸡清洗干净，吊干水分，将老姜拍碎，加入小葱葱白剁成姜葱蓉，放入胡椒粉、盐和味精搅拌均匀，放入茶油制成姜葱蓉蘸料备用。
2. 用大桶烧开一桶水，里面放适量料酒、姜、葱，用大火煲10min至姜葱出味，转小火，用手拿住鸡头，把鸡放入水中提3次，让鸡内外受热均匀。放入水中。上面放一个碟子压住鸡，浸15min至鸡刚熟，捞出用高山茶油涂抹全身，吊起来晾干水备用。
3. 将鸡砍成均匀的件，摆回原型，跟上茶油姜葱蓉蘸料即可。

（四）风味特色
茶油香浓，肉质嫩滑。

四、紫市转糖猪肉

（一）原料组成
精五花肉600g，白萝卜200g，老姜10g。

（二）菜肴调料
盐5g，味精8g，生抽8g，蚝油3g，老抽3g，客家黄酒20g，胡椒粉8g，八角3g，片糖30g，花生油50g。

（三）制作技艺
1. 将精五花肉清洗干净，改刀成3cm的正方块，白萝卜去皮，改刀成3cm的正方块，老姜切角备用。
2. 将改好刀的五花肉飞水，去除血沫，冲洗干净，备用。
3. 将白萝卜加水放入蒸柜用中大火蒸8min，蒸至软烂取出备用。
4. 起锅烧油，倒入五花肉用小火慢炒，炒至出油，色泽金黄时倒出备用。
5. 起锅烧油，放入姜角用小火爆香，倒入炒好的五花肉，淋入客家黄酒和生抽炒香，炒至色泽金黄，加入适量的水，放入八角、胡椒粉、盐、味精、蚝油、片糖调味，老抽调色，用大火滚5min，转小火焖35min，焖至软烂入味。倒入蒸好的白萝卜块，用大火收汁，收至汁液浓稠，色泽金黄装盘即可。

（四）风味特色
肥而不腻，甜香软糯。

五、登云鸡肉醋

（一）原料组成
农家走地鸡1250g，老姜20g，客家酸酒100g。

（二）菜肴调料
盐3g，白糖15g。

（三）制作技艺
1. 将走地鸡清洗干净，砍成厚1cm的鸡块，沥干水备用。
2. 起锅烧油，爆香老姜，倒入鸡件用中小火将鸡件炒香，炒至微黄后倒入客家酸酒和适量的水，放入盐、白糖调味。用中火煮5min，煮至汤汁浓稠，装盘出锅即可。

（四）风味特色
酸甜开胃，肉质紧实。

六、佗城三宝

（一）原料组成
豆腐丸150g，卷春150g，香信150g，清鸡汤150g。

（二）菜肴调料
盐3g，味精5g，胡椒粉8g，生粉5g。

（三）制作技艺
1. 将卷春改刀成厚件备用。
2. 将卷春和豆腐丸、香信整齐地摆放在盘子上，放入蒸柜用中大火蒸5min，至热透取出。
3. 起锅放入清鸡汤，放入盐、味精和胡椒粉，用生粉勾琉璃芡，淋在上面即可。

（四）风味特色
爽口弹牙，口感丰富。

七、铁场灶猪肉

（一）原料组成

精五花肉800g，油豆腐50g，炸腐竹50g，干葱头10g。

（二）菜肴调料

盐5g，味精8g，生抽8g，蚝油3g，老抽3g，客家黄酒20g，胡椒粉8g，生粉10g，八角3g，花生油50g。

（三）制作技艺

1. 将精五花肉烧净猪毛，清洗干净。放入蒸柜用中大火蒸20min至熟取出备用。
2. 将蒸熟的五花肉在猪皮上均匀地涂抹客家黄酒和生抽备用。
3. 起锅烧油，将油温烧至180℃，放入五花肉用中火炸至起虎皮，色泽金黄，马上捞出放入凉水浸泡1h备用。
4. 将泡过的五花肉改刀成长10cm的厚片，炸腐竹改刀成8cm的段，干葱头用刀拍碎，备用。
5. 起锅烧油，将改好刀的五花肉用中小火炒至出油，表面微黄捞出备用。
6. 起锅烧油，爆香干葱头和八角，倒入炒好的五花肉，淋入客家黄酒和生抽炒香，炒至色泽金黄，加水，没过原料表面，下盐、味精、蚝油、胡椒粉调味，老抽调色，用大火滚5min，转小火焖30min，焖至软烂，倒入油豆腐和炸腐竹。用生粉勾芡，大火收汁，收至汁浓稠，色泽红亮，起锅装盘即可。

（四）风味特色

肥而不腻，咸香入味。

八、车田酿豆腐

（一）原料组成

车田炕豆腐4块，五花肉100g，猪油渣50g，红葱头10g，葱花10g。

（二）菜肴调料

盐5g，味精8g，生抽8g，蚝油3g，老抽3g，胡椒粉8g，生粉10g，花生油50g。

（三）制作技艺

1. 将五花肉和猪油渣、红葱头剁成颗粒分明的肉馅，车田炕豆腐从中间一分为二，改刀成长方件备用。
2. 将剁好的猪肉馅加入盐、味精、胡椒粉、生粉、蚝油、老抽，搅拌均匀。用手摔打上劲备用。
3. 将车田炕豆腐中间挖一个小洞，酿入猪肉馅备用。
4. 起锅烧油，将酿好的豆腐整齐地排好（肉馅朝下），用小火将豆腐馅煎至金黄色，加水，没过原料表面，加锅盖焖煮3min，焖至水干肉馅成熟，放入生抽芡，收汁装盘，撒上葱花即可。

（四）风味特色

豆香浓郁，嫩滑香口。

九、麻布岗泥鳅粉姜煲

（一）原料组成
清水泥鳅200g，粉姜200g，老姜10g，葱度5g，枸杞3g。

（二）菜肴调料
盐5g，味精8g，胡椒粉5g，花生油50g，高山茶油10g。

（三）制作技艺
1. 将清水泥鳅用开水烫一下，洗干净表面的黏液，粉姜改刀成条，老姜改刀成指甲片，备用。
2. 起锅烧水，倒入粉姜条飞水，倒出备用。
3. 起锅烧油，爆香料头，放入泥鳅，用中小火煎至金黄，倒入适量的热水。放入粉姜，再放入盐、味精、胡椒粉调味。用中大火煮至汁浓稠，放入砂锅，面上淋上高山茶油，用枸杞点缀即可。

（四）风味特色
清甜嫩滑，口感丰富。

十、贝岭河三鲜

（一）原料组成
小桂花鱼300g，土黄角鱼200g，河虾150g，老姜5g，小葱10g。

（二）菜肴调料
盐8g，味精10g，胡椒粉10g，生粉5g，花生油50g，高山茶油15g。

（三）制作技艺
1. 将小桂花鱼和土黄角鱼宰杀干净，改好花刀。河虾洗净，老姜和小葱切成丝备用。
2. 将鱼和虾放入盆中，放入盐、味精、胡椒粉、生粉捞拌均匀，放入高山茶油封面备用。
3. 将捞好的鱼和河虾，放入盘中，整齐地排好。放入蒸柜用猛火蒸6min至刚熟取出，面上撒上葱丝、姜丝，淋花生油，面上再淋上高山茶油即可。

（四）风味特色
鲜甜嫩滑，原汁原味。

十一、上坪炒冬笋

（一）原料组成
上坪冬笋300g，五花肉100g，红尖椒10g，蒜子5g。

（二）菜肴调料
盐5g，味精8g，生抽8g，蚝油3g，胡椒粉8g，生粉10g，花生油50g。

（三）制作技艺
1. 将上坪冬笋干用冷水泡一夜，冲洗干净，放入高压锅加入过面水，用中大火压制15min至冬笋发透，用清水冲10min备用。
2. 将冬笋改刀成1cm宽的厚片，五花肉改刀成片，红尖椒改刀成条，蒜子用刀拍一下备用。
3. 起锅烧水，放入冬笋飞水倒出备用。
4. 起锅烧油，将五花肉用小火煸炒至金黄色，倒入蒜子爆香，放入冬笋爆炒。放入适量的水，加盐、味精、生抽、蚝油、胡椒粉、生粉调味勾芡。用中大火焖煮至干身。快速爆炒，加尾油出锅装盘即可。

（四）风味特色
口感爽脆，肉香味浓。

十二、猪油渣炒广东菜心

（一）原料组成
广东菜心600g，肥膘肉50g，蒜子5g。

（二）菜肴调料
盐5g，味精8g，料酒5g，生粉3g。

（三）制作技艺
1. 将广东菜心头尾改刀整齐，肥膘肉改刀成片，蒜子用刀拍一下备用。
2. 起锅烧油，放入肥肉用小火煸炒至金黄色，下蒜子爆香。倒入菜心急火快炒，淋料酒，下盐、味精，快速翻炒至青绿色，生粉勾芡加尾油翻炒出锅即可。

（四）风味特色
爽脆清香，原汁原味。

十三、香煎禾秕

（一）原料组成
禾秕500g，小葱10g。

（二）菜肴调料
花生油50g，生抽5g，胡椒粉3g。

（三）制作技艺
1. 将禾秕改刀成长8cm的厚片，小葱改刀成葱花备用。
2. 起锅烧油，将禾秕片整齐地排好，用小火煎至两面焦黄，赞入生抽，撒上胡椒粉煎香，出锅整齐装盘，撒上葱花即可。

（四）风味特色
色泽金黄，咸香软糯。

第三节　龙川县名优代表性食材农产品推介

一、龙川油茶

龙川油茶是广东省河源市龙川县的特色农产品，具有五大特点。历史悠久，可追溯至隋唐，已逾1500年；种植规模大，截至2022年，全县油茶种植面积达43万亩，预计产量近10万吨，全产业链产值可达15亿元，并拥有多个标准化示范基地；品质优良，色泽金黄、纯净透明、清香纯正，富含不饱和脂肪酸和维生素，是高级食用植物油，龙川山茶油已成为广东省知名品牌，并在2022年"广东十大茶油品牌"评比中获奖；产业体系完善，拥有省级农业龙头企业、名牌产品及多项发明专利，形成"种植-加工-销售"一体化格局，并开发出衍生产品；助农增收效果显著，全县有155家油茶生产经营企业，1128户种植大户，油茶产业从业人员超万人，成为当地农业农村经济新增长点。

二、龙川茶叶

龙川茶叶拥有1570多年的历史，以皋卢茶为岭南最早记载的茶类。主要产地包括义都镇桂林村和新田镇，两地自然条件优越，产出桂林茶和托里茶，分别具有清澈淡绿、香味浓郁及浓香顺滑、久久回甘的特点。龙川茶叶外形多样，香气浓郁持久，口感醇厚回甘，汤色明亮。近年来，龙川茶叶种植规模不断扩大，义都镇和新田镇茶园面积分别达8000多亩和3818亩，品牌建设初见成效，产业链不断完善，涵盖种植、加工、销售及茶旅融合。加工工艺包括摊放、杀青、初烘、理条做形、足火烘干等多道工序，确保茶叶品质。

三、龙川蝉花

龙川蝉花是广东省河源市龙川县的名贵中药材，种植历史可追溯至隋唐，已有1500多年。它主要生长在竹林中，对环境要求严苛。龙川蝉花的根为蝉幼虫体，花由幼虫头部长出，长3~4cm，花粉呈乳黄色。该药材具有散风热、镇惊明目、提高免疫力等功效，可煲汤、炖肉食用，味道鲜美且营养丰富，但市场价格较高，每斤几百元至上千元不等。

四、车田豆腐

车田豆腐是广东省河源市龙川县车田镇的特色美食，历史悠久，采用传统手工工艺，选用当地优质黄豆和天然山泉水制作，口感细腻鲜嫩，豆香浓郁。其富含蛋白质、脂肪、碳水化合物等营养成分，有益于健康。常见的食用方法有煎豆腐、酿豆腐、炒豆腐和煮汤等。作为具有浓郁地方特色的美食，车田豆腐深受当地人和游客的喜爱，是去龙川县车田镇旅游不可错过的佳肴。

五、龙川红松茸菌

龙川红松茸菌是广东省河源市龙川县的特产，菌盖红色，菌柄白色，形似松茸，主要生长在龙川县山区，对生长环境要求高。它富含多种营养成分，如蛋白质、氨基酸等，具有增强免疫力、抗肿瘤、降血脂等功效。龙川红松茸菌可烹饪多种美食，可炒菜、煲汤、烧烤等，口感鲜美，香气浓郁。但需注意安全采摘，避免误食有毒蘑菇，并保护野生资源，防止过度采摘。

六、田心草鱼

田心草鱼产自河源市龙川县田心镇，该地自然生态环境优良，水质丰富且富含矿物质，有利于草鱼生长。养殖模式创新，如"塘中塘"高密度养殖提高了养殖效率。田心草鱼肉质鲜美紧实，适用于多种烹饪方式。田心草鱼在养殖过程中注重疾病防控和质量安全，与科研院校合作确保食用安全。草鱼养殖是田心镇的重要产业，助力乡村振兴，推动饲料生产、运输、销售等产业链发展，并为当地特色美食龙川茶油鱼生提供了优质原材料。

七、龙川螺旋藻营养鸡蛋

龙川螺旋藻营养鸡蛋是河源市龙川县田心镇松林村的产业扶贫项目，由深业集团实施，采用"公司+基地+贫困户"模式，提供就业并促进经济发展。蛋鸡以螺旋藻等多种有机营养原料配制的饲料喂养，减少药品用量，提高免疫能力，且鸡舍实行自动化管理。该鸡蛋营养成分丰富，富含DHA、β-胡萝卜素等，对婴幼儿智力发育有益，且蛋黄呈橙红色，口感香嫩无腥味。鸡蛋经过全程冷链运输，保持新鲜度，市场反响良好，深受消费者喜爱。

八、黄桑鱼

龙川位于广东省河源市，其黄桑鱼（又名黄颡鱼、黄骨鱼、黄辣丁）体长10~15cm，重50~100g，体呈浅黄或深黄色，背部有黑点，腹部白色。它们喜栖于水流缓慢、水草丰富的水域，如河流、湖泊等，为夜行性肉食性鱼类，主食小鱼、小虾、昆虫。每年4~6月繁殖，雄鱼筑巢吸引雌鱼产卵。龙川黄桑鱼肉质细嫩、鲜美，富含蛋白质、脂肪、维生素和矿物质，兼具清热解毒、消肿止痛等药用价值。

九、龙川金线莲

龙川金线莲是国家二级保护植物，主要分布于福建、云南等地，生长于海拔500~1600m的常绿阔叶林下或沟谷阴湿处。它属于兰科开唇兰属植物，高8~18cm，叶片暗紫色或黑紫色，具金红色网脉，花期8~11月。金线莲全草可入药，有清热凉血、祛风利湿、解毒止痛等功效，现代研究还表明其能降血糖、降血脂、抗肿瘤等。它可用于煲汤、泡茶、煮粥等，如金线莲土鸡汤、炖排骨和鸽子汤。由于金线莲生长环境要求严格且野生资源稀少，我国政府已采取保护措施，并鼓励人工种植。

十、龙川鳕鱼

龙川的鳕鱼指墨瑞鳕鱼，于2018年12月由深圳市天健集团引进至龙川县四都镇，旨在壮大村集体经济。四都镇自然条件优越，位于东江河畔，水质清澈，生态良好，为墨瑞鳕鱼提供了理想的生长环境。采用"公司+基地+农户"养殖模式，为当地提供就业机会，并带动养殖业发展。墨瑞鳕鱼体形大，颜色深灰或黑色带斑点，肉质结实细嫩，鲜美无腥味，且营养价值高，富含蛋白质、维生素等，对人体健康有益。其养殖为龙川带来显著经济收益，年产值可观，产品畅销当地及周边城市。

十一、龙川黄沙阁萝卜

龙川黄沙阁萝卜是龙川县的特色农产品，得益于龙川黄沙阁山区的肥沃土壤、温和气候和充足光照。这种萝卜呈长圆柱形，表皮翠绿光滑，根须少，肉质鲜嫩、汁多味甜且爽脆，富含维生素C、胡萝卜素等营养成分，有清热降火、助消化等功效。黄沙阁萝卜种植历史悠久，早在明清时期就是当地的名优特产。现在，龙川县通过采用选种优质抗病品种、适时播种、加强田间管理等技术手段，不断扩大种植规模，已达数千亩，成为农民增收致富的重要产业。同时，龙川县还积极推进品牌建设，提升黄沙阁萝卜的知名度和市场竞争力，并通过发展萝卜加工、销售等产业，延伸产业链，提高附加值，促进产业的可持续发展。龙川黄沙阁萝卜已成为龙川县的一张特色名片，深受人们喜爱。

十二、龙川东坝糯玉米

龙川东坝糯玉米是龙川县独具特色的农产品，得益于当地温暖湿润、雨量充沛、光照充足的亚热带季风气候，以及肥沃且富含矿物质的土壤。这种糯玉米颗粒饱满、色泽金黄，口感软糯适中，富有嚼劲，且富含蛋白质、维生素等营养成分。其种植历史悠久，早在明清时期就是当地的名优特产。

龙川县积极扶持东坝糯玉米产业，种植规模持续扩大，目前种植面积已达数千亩，成为农民增收的重要来源。为提高知名度和市场竞争力，龙川县还推进品牌建设，注册地理标志商标，举办糯玉米文化节等活动，成功提升了东坝糯玉米的品牌形象。龙川县在发展糯玉米种植的同时，也积极推进产业链延伸，发展糯玉米加工和销售等产业，提高附加值，促进产业可持续发展。龙川东坝糯玉米以其独特的品质和口感，已成为龙川县的一张特色名片，深受消费者喜爱。

十三、龙川葛坳眉豆

龙川葛坳眉豆是龙川县葛坳乡的特色农产品，得益于山区气候温和、雨量充沛和土壤肥沃。眉豆呈扁圆形，翠绿带绒毛，口感鲜嫩、豆香浓郁、嚼劲十足，且富含蛋白质、维生素等营养成分，具有健脾利湿、消暑解毒功效。其种植历史悠久，明清时期即为当地名优特产。龙川县近年来加大扶持力度，种植规模扩大至数千亩，成为农民增收重要产业。同时，通过品牌建设、注册地理标志商标、举办文化节及产业链延伸等措施，提升了葛坳眉豆知名度和附加值，促进了产业可持续发展。龙川葛坳眉豆已成为龙川县的特色名片，深受人们喜爱。

十四、龙川南坑鸭稻

龙川南坑鸭稻是龙川县黎咀镇南坑村的特色农产品，采用独特的鸭稻共作模式，即在稻田放养小鸭，形成立体生态农业，实现生态循环，无须化肥农药，保证稻米绿色有机。南坑鸭稻口感软糯、香甜，富含硒、氨基酸等营养成分，品质优良。产地南坑村气候温和、雨量充沛、土壤肥沃，山泉水灌溉，自然条件优越。在深圳能源集团帮扶下，采用"公司+合作社+基地+农户"模式推动产业发展，注册"南圳"商标提升知名度，经济效益显著，每亩田每季可为农户增收约1000元，实现稻鸭双丰收。

十五、龙川龙潭山苏菜

山苏菜，一种野生蕨类，主要分布于我国南方地区。龙川龙潭山苏菜生长在山区林下、溪边或石缝中，偏好湿润阴凉环境。其羽状分裂的叶子颜色鲜绿。山苏菜富含维生素、矿物质和膳食纤维，可清炒、煮汤或凉拌，口感鲜嫩，味道清香。然而，野生山苏菜数量有限，采摘和食用时应保护环境，避免过度采摘。对于不熟悉的野生植物，应避免随意采摘和食用，以防中毒。

和平县阳明非遗一乡一品宴

和平县位于广东省东北部、东江上游、粤赣边境的九连山区。东连龙川，南邻东源，西毗连平，北与江西省定南县、龙南市接壤。古称它是"联络闽广，带控龙南、安远，要害之地"，如今是京九铁路入粤第一县、广东沿海地区向内地辐射的一个窗口。

和平县的历史悠久，秦始皇三十三年（前214年）设南海郡，和平属南海郡龙川县。明正德十三年（1518年），御史、南赣巡抚王守仁（王阳明）率师平定现和平属浰源（浰头）、上陵等处农民起义后，奏请朝廷设和平县治，经核准割龙川县属和平、仁义、广三图（都）和河源县属惠化图以及江西龙南县邻界一里以内的地域设立县治。明正德十五年（1520年），县治所建毕，始立学、择贤设治，并沿用原龙川县和平图的和平峒之"和平"两字为县名，始定为和平县，县城设在原和平图的和平峒羊子埔，即现阳明镇。

和平县为河源市所辖，县辖阳明、大坝、长塘、下车、上陵、优胜、贝墩、古寨、彭寨、合水、公白、青州、浰源、热水、东水、礼士、林寨17个镇。和平县饮食文化深厚，讲究"不时不食，原汁原味"，每个乡镇都有独特的食材和代表名菜。如东水的名菜韭菜黄鳝，东水最好的韭菜产自梅花村卡头小组一处占地两亩的沙坝地。这个沙坝地产出的韭菜，清甜、爽脆、无渣。产量稀少，供不应求。贵的时候超过百元一斤。韭菜与黄鳝都是时令春菜，韭菜更有"春季第一菜"的美称。和平县阳明非遗一乡一品宴结合和平每个乡镇的特色代表名菜。让食客品尝到和平一乡一品的独特风味。

王阳明与和平县有着深厚的渊源。明正德十三年（1518年），王阳明奏请朝廷设和平县治，以控制粤赣边境的盗贼，兴办学校以移风易俗等。他的举措使得当地社会逐渐稳定，经济得到发展。

和平县为了纪念王阳明，有许多以"阳明"命名的事物，包括物产、学校、建筑等。"阳明宴"具体菜品有确切记载，当地的一些传统美食是"阳明宴"的一部分，例如扎扎粉、和平肉丸、蝉花汤等。扎扎粉是和平县阳明镇的传统美食,其制作工艺独特,大米经过浸米、磨浆、滤干、采浆等工序后,呈现出一扎一扎的形状,米香四溢。和平肉丸将五花肉剁碎,加入干香菇等调料制成,加入番薯粉手工摔打,是和平县家家户户逢年过节必备的美食,口感紧实,味道鲜美。蝉花汤则是用蝉花、骨头、鸡等食材蒸制而成,香气扑鼻、鲜美无比。

这些美食在一定程度上体现了当地的饮食文化和传统,它们就是"阳明宴"的传统菜肴,可以从中感受到和平人民对王阳明的纪念和敬意。

第一节 和平县阳明非遗一乡一品传统宴

一、茶油钵皮土猪肉汤

（一）原料组成
猪龙骨100g，土猪夹心肉300g，小葱5g，山泉水1.5kg。

（二）菜肴调料
盐10g，白胡椒粉5g，高山茶油5g。

（三）制作技艺
1. 将猪龙骨砍成2cm长的块，土猪夹心肉切成1cm厚的件，小葱切葱花，备用。
2. 将砍好的龙骨和夹心肉放入钵皮盘子，放入盐调味，加入山泉水封上保鲜膜，放入蒸柜用中火蒸制45min，出菜前放入高山茶油，跟上葱花和白胡椒粉即可。

（四）风味特色
味道清甜，肉香四溢。

二、礼士橘皮鸡

（一）原料组成
新鲜山场鸡1250g（1只），姜丝5g，橘皮丝5g。

（二）菜肴调料
盐8g，味精10g，鸡粉5g，茶油50g。

（三）制作技艺
1. 将山场鸡清洗干净，下盐、味精、鸡粉、姜丝、橘皮丝涂抹均匀，腌制15min备用。
2. 将腌制好的鸡放入蒸柜用中大火蒸15min，取出翻面再蒸10min至刚熟透取出备用。
3. 将蒸好的橘皮鸡斩件按原型整齐地摆盘，把橘皮丝撒在鸡面上，淋上茶油即可。

（四）风味特色
皮爽肉滑，橘皮味浓。

三、浰源焖鸭

（一）原料组成
浰源青头鸭约1500g（1只），姜片10g，干葱头30g。

（二）菜肴调料
盐5g，味精3g，生抽20g，八角2g，香叶2片，蚝油3g，料酒10g，客家黄酒100g，老抽3g，高山茶油30g。

（三）制作技艺
1. 将青头鸭掏干净内脏，拔去细毛，清洗干净备用。
2. 起锅烧水下料酒，将鸭子飞水去血沫，捞出清洗干净备用。
3. 起锅烧油，将鸭子用生抽和客家黄酒上色，用中小火煎至表面金黄色捞出备用。
4. 起锅放入高山茶油，爆香姜片、干葱头、八角和香叶。放入煎香的鸭子，倒入水以没过鸭子表面，用大火烧开，下盐、味精、蚝油调味，老抽调色。转中小火炆制30min入味，至刚熟捞出。用大火收汁至起胶，放入鸭子砵至颜色红亮捞起，斩件摆回原型，淋上原汁即可。

（四）风味特色
酱香味美，肉质紧实。

四、彭寨特色全牛

（一）原料组成
新鲜水牛牛头半只，牛肠300g，牛肚300g，牛肉丸300g。

（二）菜肴调料
盐200g，八角3g，香叶1g，辣椒干1g，蒜末15g，薄荷15g，指天椒碎10g，生抽10g，花生油15g，高山茶油10g。

（三）制作技艺
1. 将新鲜水牛牛头烧掉细毛，清洗干净，牛杂清洗干净，备用。
2. 起锅烧水，将牛头和牛杂分开飞水去除血沫后捞出，清洗干净备用。
3. 取个大桶放入15000g水大火烧开，放入盐、八角、香叶、辣椒干，放入牛头和牛杂中火慢煮，牛杂煮40min至软烂捞出，牛头要慢火煮2h，焖30min至软烂捞起备用。
4. 放凉取出肉后，切片按原位摆入牛头骨上，牛肠切成段，牛肚切成片，跟上牛肉丸摆成一碟。跟上全牛原汤和卡式炉。
5. 将蒜末、指天椒碎、薄荷搅拌均匀淋上花生油，加入生抽，淋上高山茶油，作为蘸料跟上即可。

（四）风味特色
鲜香肉滑，味道浓郁。

五、东水韭菜煮黄鳝

（一）原料组成
稻田黄鳝500g，东水韭菜300g，土鸡蛋皮50g，腊肉20g，姜丝10g。

（二）菜肴调料
盐5g，高山茶油20g，清鸡汤300g，白胡椒碎3g，白酒5g。

（三）制作技艺
1. 将黄鳝砍去尾巴放入水里让黄鳝游动取黄鳝血，之后拿起黄鳝用粗针钉住黄鳝头，从背部开刀，起片去骨切成3cm的菱形片。加入少许盐、高山茶油腌制备用。
2. 将东水韭菜切成5cm长的段，煎好的蛋皮切成丝，腊肉切成片备用。
3. 起锅烧油将韭菜段爆炒至杀青倒出备用。
4. 起锅放入高山茶油，腊肉和黄鳝骨下锅煸炒出油脂赞酒，放入黄鳝片翻炒至断生，再放入白胡椒碎、黄鳝血、清鸡汤、姜丝、蛋皮丝和炒过的韭菜，调味煮开装盘出锅，淋上高山茶油即可。

（四）风味特色
汤鲜味美，爽口香嫩。

六、贝墩腐竹炆牛腩

（一）原料组成
贝墩腐竹200g，黄牛牛腩200g。

（二）菜肴调料
盐5g，味精3g，生抽5g，老抽2g，姜片10g，八角2g，高山茶油10g。

（三）制作技艺
1. 将牛腩洗净，飞水去血沫，切成2cm的厚件备用。腐竹泡水至软身，改成8cm长的段备用。
2. 起锅烧油将改好刀的牛腩件用中火炒至金黄色，炒出牛油倒出备用。
3. 起锅烧油，放入高山茶油，放入姜片爆香，放入炒好的牛腩倒入适量的清水，下盐、味精、生抽、八角调味。用老抽调色，用中小火炆50min至软烂备用。
4. 起锅烧水，将腐竹飞一下水去除异味。将煲仔烧热放入腐竹垫底，放入炆好的牛腩，最后大火收汁至起胶，淋上高山茶油即可。

（四）风味特色
豆香味浓，酱香扑鼻。

七、优胜焖全猪

(一)原料组成

五花肉200g,排骨50g,猪手50g,猪头皮50g,猪腘50g,粉肠50g,猪肝50g,猪心50g。

(二)菜肴调料

生抽10g,老抽5g,蚝油5g,盐3g,味精5g,姜角50g,八角1个,香叶3片,片糖10g,黄酒5g,麦芽糖50g,花生油50g。

(三)制作技艺

1. 将五花肉、猪手、猪头皮用火枪烧掉猪毛,再用钢丝球擦洗干净备用。
2. 起锅烧水,五花肉、排骨、猪手、猪头皮下锅,加入麦芽糖,飞水煮透后捞起备用。
3. 起锅烧油,至150℃时放入煮好的五花肉和猪手、猪头皮、排骨炸至金黄色捞出备用。
4. 将炸好五花肉和猪头皮,切成3cm的正方块,排骨斩件,猪手斩件备用。
5. 将猪腘和粉肠、猪肝、猪心清洗干净,粉肠改刀成段,猪腘、猪肝、猪心改刀成厚片备用。
6. 起锅烧油,先将姜角爆成金黄色,再放入八角、香叶,放入改好刀的全猪炒至金黄色,赞黄酒和生抽炒香,然后放入过面的水大火烧开,放入猪腘、粉肠、猪肝、猪心、下盐、味精、蚝油和片糖调味,老抽调色转中小火焖30min至软烂,用中大火收汁,出锅整齐装盘即可。

(四)风味特色

肉香四溢,软烂入味。

八、长塘酒酿圆蹄

（一）原料组成
新鲜去骨圆蹄1500g。

（二）菜肴调料
党参10g，枸杞3g，片糖30g，红枣5g，盐5g，白糖20g，客家黄酒糟100g，麦芽糖30g，花生油1000g（耗油50g）。

（三）制作技艺

1. 将新鲜去骨圆蹄用火枪烧去猪毛，再用钢丝球擦洗干净备用。
2. 起锅烧水，将麦芽糖与处理好的圆蹄一同放入锅中，煮10min至熟透捞起备用。
3. 起锅烧油至160℃，放入煮熟的圆蹄，炸至金黄色后捞起，放入冷水浸2h泡软备用。
4. 将圆蹄瘦肉部分改5cm宽的十字花刀，不能切破猪皮，改好刀放入扣碗备用。
5. 在扣碗圆蹄面上，加入党参、枸杞、片糖、客家黄酒糟、盐、白糖、红枣，用保鲜膜封好备用。
6. 放入蒸柜用猛火蒸3h，扣至软烂取出装盘即可。

（四）风味特色
浓香微甜、酒香四溢。

九、上陵炒笋干

（一）原料组成
上陵嫩笋干300g，五花肉100g，蒜苗50g，青红尖椒50g。

（二）菜肴调料
盐3g，蚝油5g，生抽5g，胡椒粉3g，味精3g，猪油10g，白酒5g。

（三）制作技艺

1. 选上好的上陵嫩笋干，用热水浸泡3h至软至透备用。
2. 将五花肉改刀成片，泡好的笋干改刀成片，蒜苗切成段，青红椒切成角备用。
3. 起锅烧水，下油，放入笋干飞水备用。
4. 起锅烧油爆香五花肉至金黄色，赞酒和生抽，放入笋干爆炒至干身，放入水大火烧开，转慢火下盐、味精、蚝油、胡椒粉调味，焖至笋干软烂入味，放入蒜苗和青红椒角，收汁爆炒出锅装盘即可。

（四）风味特色
清香味美，爽脆入味。

十、下车客家煮蛋皮

（一）原料组成
土鸡蛋300g，韭黄60g。

（二）菜肴调料
盐5g，高山茶油20g，清鸡汤300g，姜丝和葱花少许。

（三）制作技艺
1. 取鸡蛋打碎加入2g盐搅拌均匀，用不粘锅煎制蛋皮，将蛋皮切丝备用。
2. 起锅烧油，将韭黄炒至断生倒出备用。
3. 起锅烧油将姜丝爆香，放入清鸡汤、蛋皮丝、盐，煮开倒入韭黄，装盘撒葱花、淋上高山茶油即可。

（四）风味特色
嫩滑浓郁，蛋香味醇。

十一、土法炒和平扎扎粉

（一）原料组成
和平扎扎粉600g，包菜丝50g，绿豆芽50g，鸡蛋2个，香葱段30g。

（二）菜肴调料
生抽5g，蚝油3g，味精3g，猪油50g，老抽2g，胡椒粉3g，花生油50g。

（三）制作技艺
1. 起锅烧油，用中小火把和平扎扎粉煎香倒出备用。
2. 起锅烧油，先倒入鸡蛋炒香，再放入豆芽、包菜丝，翻炒软熟。
3. 放入扎扎粉、慢火加少量水、生抽、蚝油、胡椒粉、味精调味，老抽调色，翻炒至扎扎粉散开，加入香葱段，大火翻炒至香气扑鼻出锅即可。

（四）风味特色
米香浓郁，爽口筋道。

第二节　和平县阳明非遗一乡一品传承宴

一、灵芝蝉花土鸡汤

（一）原料组成

土鸡1000g，龙骨200g，灵芝50g，蝉花20g，山泉水1000g。

（二）菜肴调料

盐8g，鸡粉5g，味精10g。

（三）制作技艺

1. 将土鸡掏去内脏，拔干净细毛，去掉多余的油脂，清洗干净。灵芝和蝉花泡水备用。
2. 将土鸡和龙骨砍成大件备用。
3. 将砍好的土鸡和龙骨放入汤盅，面上放入灵芝和蝉花。放入盐、味精、鸡粉和山泉水至汤盅八分满，封上保鲜膜盖上汤盅盖备用。
4. 放入蒸柜用猛火蒸制4h取出，撇去面上的多余的油即可。

（四）风味特色

汤鲜味美，强身健体。

二、青州茶油药膳鸡

（一）原料组成
农家鸡1300g（1只）。

（二）菜肴调料
盐2g，鸡粉30g，盐焗鸡粉20g，黄栀子粉5g，红枣5g，党参3g，当归2g，枸杞2g，高山茶油30g。

（三）制作技艺
1. 将农家鸡掏干净内脏清洗干净，拔去细毛，吊干水备用。
2. 将所有盐、鸡粉、盐焗鸡粉、黄栀子粉全部搅拌均匀备用。
3. 将鸡吸干水，用调制好的调料用力均匀地涂抹鸡的全身。涂抹至色泽金黄，腌制10min充分入味备用。
4. 将鸡肚里面放入药材，放入蒸柜用中大火蒸15min，取出翻面再蒸制10min至熟取出备用。
5. 将蒸好的鸡斩件，摆回原型。鸡面上放药材，淋上蒸鸡原汤。最后，面上淋高山茶油即可。

（四）风味特色
鸡味香浓，强身健体。

三、公白碌鹅

（一）原料组成
优质黑棕鹅3000g（1只），干葱头50g，姜角50g，蒜头30g，香菜30g。

（二）菜肴调料
花生油100g，盐10g，味精30g，鸡粉50g，胡椒粉5g，蚝油20g，生抽50g，冰糖50g，白酒100g，老抽10g，八角5g，香叶5片，橘皮10g。

（三）制作技艺
1. 将黑棕鹅清洗干净，拔干净鹅毛，并将鹅头、鹅掌斩下，备用。
2. 起锅热油，把鹅身、鹅头、鹅掌用适量生抽上色，下锅用小火煎至鹅身金黄色捞出备用。
3. 起锅烧油，把料头煸香，放入煎好的鹅身、鹅头、鹅掌，赞白酒和生抽，放入水过面，大火滚开后，加入香料，用盐、味精、鸡粉、蚝油、胡椒粉、冰糖调味，老抽调色。用中小火加锅盖焖20min，再翻面焖20min。捞出鹅身、鹅头、鹅掌，大火收汁到起胶，放入鹅身、鹅头、鹅掌，碌2min，碌至汁稠，鹅身光亮枣红，出锅斩件，摆回原型淋上原汁即可。

（四）风味特色
酱香味浓，鲜嫩多汁。

四、古寨糖猪肉

（一）原料组成
新鲜五花肉800g，姜角30g。

（二）菜肴调料
红片糖50g，八角5g，生抽15g，盐3g，老抽3g，客家黄酒100g，花生油50g。

（三）制作技艺
1. 将新鲜五花肉烧毛洗干净，切大小均匀的3cm正方小块备用。
2. 起锅烧油，将切好五花肉慢火生炒至色泽金黄备用。
3. 起锅烧油下红片糖慢火炒出糖色倒出备用。
4. 起锅烧油，下姜角爆成金黄色放入八角、五花肉煸炒，赞入客家黄酒、生抽炒上色炒香。倒入过面的水用大火滚起。再放入盐、糖色、老抽调色。然后小火慢焖40min至肉软。再大火收汁至颜色红亮出锅装盘即可。

（四）风味特色
肥而不腻，香甜可口。

五、合水酿猪肚

（一）原料组成
新鲜猪肚1250g，新鲜排骨400g，鸡爪150g，龙骨150g，香菇20g，白果30g，姜片10g。

（二）菜肴调料
胡椒粒5g，盐3g，味精5g，鸡粉5g，料酒30g，生粉50g，白醋20g。

（三）制作技艺
1. 将新鲜猪肚翻过来，剪去多余的油脂，再用生粉和白醋搓洗干净，备用。
2. 将新鲜排骨砍成3cm的件，龙骨砍成件，鸡爪剪去指甲清洗干净备用。
3. 起锅烧水，下料酒把猪肚、排骨件、龙骨件和鸡爪飞水，飞透水冲洗干净备用。
4. 将飞过水的猪肚改刀成5cm的长方件，从猪肚的夹层撕开，中间酿入排骨件备用。
5. 将龙骨件、鸡爪、酿好的猪肚、香菇、白果、姜片放入过面的清水。放入盐、味精、鸡粉、胡椒粒调味，用砂锅大火先煲滚转小火煲30min，再大火滚10min至汤色浓白，出锅装盘即可。

（四）风味特色
汤浓味美，驱寒暖胃。

六、阳明亲家煲

（一）原料组成

海虾50g，咸鸡50g，烧猪肉50g，人家肉丸50g，西蓝花100g，薯丝粉100g，烧鸭50g，油豆腐30g，白萝卜30g，大白菜50g，芹菜10g，蒜苗10g，土鱿鱼须20g，姜丝5g。

（二）菜肴调料

鸡汤150g，盐3g，鸡粉5g，味精5g，蚝油3g，生抽5g，老抽2g，料酒5g，花生油1000g（耗油50g）。

（三）制作技艺

1. 将海虾剪去头须开背，咸鸡和烧鸭砍件，烧猪肉切成件，白萝卜改刀成片，西蓝花改去黄边，芹菜和蒜苗改刀成5cm的段备用。
2. 起锅烧油，将海虾、烧鸭、烧猪肉用中油温炸至金黄色捞出备用。
3. 起锅烧水，将薯丝粉、白萝卜片、大白菜飞水备用。
4. 起锅烧油，爆香姜丝和土鱿鱼须，放入芹菜、蒜苗爆香，赞料酒倒入鸡汤，放入处理好的全部食材一起用盐、鸡粉、味精、蚝油、生抽调味，老抽调色，用中小火焖煮3min，焖煮至入味出锅装盘即可。

（四）风味特色

口味融合，食材丰富。

七、大坝肉丸

（一）原料组成

新鲜五花肉500g，人家香菇100g，人家番薯粉130g，小葱5g。

（二）菜肴调料

盐8g，鸡粉10g，味精10g，高山茶油50g。

（三）制作技艺

1. 将新鲜五花肉和人家香菇剁成颗粒分明的肉馅，小葱切葱花，备用。
2. 将剁好的肉馅加入盐、鸡粉、味精捞拌均匀，再用水将人家番薯粉化开，均匀地倒入肉馅，摔打上劲备用。
3. 用高山茶油涂抹在手心，把猪肉馅在手心不停地摔打成紧实的丸子备用。
4. 将做好的丸子放入蒸柜，用中大火蒸8min至熟，装盘淋上琉璃芡，撒上葱花和高山茶油即可。

（四）风味特色

肉香味浓，口感紧实。

八、和平酸辣猪肠

（一）原料组成

猪大肠二段500g，人家酸菜100g，白萝卜100g，青红椒50g，蒜蓉2g，指甲姜2g，葱2g。

（二）菜肴调料

花生油50g，盐3g，生抽3g，蚝油2g，料酒3g，白醋10g，白糖10g，辣椒油10g，生粉20g。

（三）制作技艺

1. 将新鲜的猪大肠二段切段，去掉多余的油脂，用生粉和白醋抓拌均匀，清洗干净。吊干水分备用。
2. 将吊干水的猪大肠改刀成2cm的小段，酸菜改刀成5cm的段，白萝卜改刀成3cm的长方片，青红椒改刀成菱形角备用。
3. 将改好刀的猪大肠用吸水纸吸干水，下料头、盐、生抽、蚝油、生粉腌制备用。
4. 起锅烧水，下油和底味，将酸菜和白萝卜片飞水倒出备用。
5. 起锅将锅烧至大热，润一下锅倒入腌制好的大肠盖上锅盖，焗10秒开盖，将猪大肠翻一下面，赞料酒，倒入酸菜、白萝卜、青红椒角，放入白醋和白糖调味快速翻炒，加入辣椒油做包尾油出锅装盘即可。

（四）风味特色

酸辣开胃，口感爽脆。

九、林寨酿苦瓜干

（一）原料组成

林寨苦瓜干50g，猪颈肉350g，黄豆50g，猪肉皮30g，排骨50g。

（二）菜肴调料

盐5g，味精3g，生粉20g，高山茶油20g。

（三）制作技艺

1. 将苦瓜干放入温水浸泡1h泡发至软至透，洗净备用。
2. 将新鲜排骨砍成3cm的件，猪肉皮去毛改刀成3cm件备用。
3. 猪颈肉切成片，剁成有颗粒感的肉馅，放入适量盐、味精、生粉搅拌均匀，再摔打上劲制成肉馅备用。
4. 将泡发好的苦瓜干里面涂上生粉，酿入制好的肉馅备用。
5. 将煲仔烧热，放入20g高山茶油炒香猪皮，放入排骨一起煎香，放入黄豆和酿制好的苦瓜，加入适量水，用适量盐、味精调味，用大火煲滚，转小火焖煮30min至苦瓜干软烂即可。

（四）风味特色

汤鲜微苦，软烂入味。

十、热水豆腐干

（一）原料组成

热水豆腐干350g，香芹50g，蒜苗50g，青红椒10g。

（二）菜肴调料

盐2g，鸡粉2g，味粉3g，生抽2g，花生油50g。

（三）制作技艺

1. 将热水豆腐干切成宽0.8cm厚的条，香芹和蒜苗、青红椒切成段备用。
2. 起锅烧油，爆香香芹、蒜苗，下豆腐干，慢火翻炒至软熟后，加入盐、鸡粉、味粉、生抽调味，猛火快速翻炒出锅装盘即可。

（四）风味特色

豆香味浓，味道咸鲜。

十一、薄荷炒韭菜粄

（一）原料组成

下车韭菜粄600g，薄荷50g，蒜子20g，小米椒5g。

（二）菜肴调料

花生油100g，生抽3g，味精2g，鸡粉3g。

（三）制作技艺

1. 将做好的韭菜粄切成片，薄荷和蒜子、小米椒切成碎备用。
2. 起锅烧油，将切好的韭菜粄用小火煎至两面焦黄，倒入切碎的薄荷、蒜蓉和小米椒碎爆香，赞入生抽，放入味精和鸡粉炒香，出锅装盘即可。

（四）风味特色

韭香四溢，软糯筋道。

第三节 和平县名优代表性食材农产品推介

一、和平贝墩牛肉干

和平牛肉干是河源市和平县的特色美食,以当地优质牛后腿肉或里脊肉为原料,经过腌制、晾晒、烘烤等多道工序,加入盐、糖、生抽等多种香料精心制作。其口感紧实有嚼劲,肉丝分明,咸香适中,带有微微甜味和独特香料风味。和平牛肉干富含蛋白质、铁、锌等营养成分,易于保存携带,既可直接食用,也可作为配菜烹饪,增添菜肴风味。无论是作为日常零食、馈赠亲友的特色礼品,还是酒店优质食材,和平牛肉干都深受欢迎。

二、东水韭菜

和平东水韭菜是河源市和平县东水镇的特色农产品,以其叶似翡翠、根如白玉的外观和鲜嫩多汁、爽脆清甜的口感著称。东水镇独特的土壤和气候条件为韭菜生长提供了优越环境,使其富含维生素、矿物质等营养成分。东水韭菜可用于多种烹饪方式,如韭菜黄鳝、清炒韭菜等,是餐桌上的美味佳肴。其中,梅花村沙坝地产的东水韭菜品质尤佳,是当地代表性特色农产品。当地人常用它与黄鳝搭配,制成具有温肾健胃、理气行血等功效的韭菜黄鳝佳肴。因产量稀少,和平东水韭菜售价高达百元,被誉为中国最贵韭菜之一。

三、浰江河鱼仔

浰江河鱼仔是广东省和平县浰江流域的特色食材,得益于浰江河清澈且富含营养物质的水质。这种河鱼仔种类丰富,包括河鱼仔、溪斑鱼等,体型小巧,通常只有几厘米到十几厘米长。由于生长环境优越,浰江河鱼仔肉质鲜嫩,味道清甜。制作时,只需去肠肚后,放在放了少许茶油的铁锅中用文火慢煎,再加入姜丝、豆豉,即可成就一道鲜美佳肴。浰江河鱼仔因其独特的口感和鲜美的味道,深受当地居民和游客的喜爱。

四、和平腊鸭

和平腊鸭是和平县的传统特色食材,选材讲究,通常选用当地优质土鸭,肉质鲜嫩。其制作工艺复杂,包括宰杀、腌制、晾晒、风干等多道工序,腌制时加入盐、糖、香料、茶油等调料,使其充分入味。成品腊鸭表皮金黄光亮,肉质紧实有嚼劲,腊香浓郁,咸淡适中,肥而不腻。由于水分含量低,和平腊鸭易于保存,食用方式多样,可直接蒸煮或与其他蔬菜搭配炒制,增添菜肴风味。和平腊鸭不仅是当地居民喜爱的美食,也是馈赠亲友的佳品。

五、七叠泉虫子鸡

七叠泉虫子鸡是和平县的特色农产品，采用生态养殖方式，鸡只生长在环境优美的地区，并以蛆虫等昆虫活性蛋白为独特饲料，富含多种必需氨基酸和蛋白质。虫子鸡肉质鲜美，营养丰富，具有补气益血、善补虚弱、滋肾益脾的功效，且富含维生素E，符合现代绿色健康消费理念。该产品荣获河源首届优质农产品、河源特色名菜称号，被推介为世界客属第23届恳亲大会农产品，并注册了品牌。此外，还受到了中央电视台《致富经》及地方媒体的广泛宣传报道。

六、上陵竹笋

和平上陵竹笋是和平县上陵镇的特色农产品，笋体粗壮洁白，笋壳完整鲜亮。其口感鲜嫩脆爽，清甜可口，营养丰富，富含多种维生素、矿物质和膳食纤维。得益于上陵镇优越的自然生态环境，竹笋生长过程中无污染，是绿色健康的食品。和平上陵竹笋品种多样，包括毛竹笋、麻竹笋等，满足不同消费者需求。其用途广泛，可用于制作多种菜肴，如竹笋炒肉、竹笋煲汤，还可加工成笋干、罐头等产品，方便保存食用。因其品质优良，和平上陵竹笋在市场上深受消费者喜爱。

七、和平香菇

和平香菇是和平县的特色农产品，外形圆润厚实，颜色棕褐至深褐，表面富有光泽。其香气浓郁，肉质肥厚紧实，口感嫩滑富有弹性。和平香菇富含蛋白质、B族维生素、维生素D、铁、钾、锌及膳食纤维等营养成分，具有较高的营养和保健价值。得益于和平县的良好自然生态环境，香菇生长过程中较少受污染，品质纯净。和平香菇可用于煲汤、炒菜、炖煮等多种烹饪方式，也可制成香菇干长期保存。因其出色品质和独特风味，和平香菇深受消费者喜爱，成为当地特色名片。

八、和平椪柑

和平椪柑是和平县的名优水果，果实扁圆形，大小均匀，果皮光滑，色泽橙黄鲜艳。其果肉细嫩多汁，口感清甜爽口，化渣性好，甜度适中不腻。和平椪柑富含维生素C、B族维生素、类黄酮及矿物质，营养丰富。得益于和平县适宜的气候和土壤条件，椪柑产量稳定且品质优良。同时，它具有一定的耐储存性，能在适当条件下保持较长时间的好口感和品质。因其良好口感和丰富营养，和平椪柑深受消费者喜爱，成为当地水果产业的重要部分。

九、和平牛肚胈

和平牛肚胈是和平县的一道特色美食，以干净整洁、无异味的牛肚为主要原料。烹饪时通常采用白灼和炒的方法，制成的牛肚胈质地厚实有韧性，入口弹性十足，嚼起来既有牛肚本身的鲜香，又融合了浓郁的汤汁味道。调料搭配恰到好处，咸淡适中，香味浓郁，令人回味无穷。和平牛肚胦不仅是当地居民喜爱的传统佳肴，也是外地游客来和平必尝的特色美食，深受食客们的喜爱。

十、和平下车猕猴桃

和平猕猴桃是广东省河源市和平县的特产，占全国最南端猕猴桃生产基地的90%以上，品种包括中华猕猴桃、美味猕猴桃等。以和平红阳中华猕猴桃为例，其外观呈圆柱形兼倒卵形，果肉黄绿带红，香甜可口，平均单果重56.5g，富含维生素C等营养成分。种植技术要点包括高位嫁接繁育、合理修剪、扩穴施肥、人工授粉及病虫害防治等。和平猕猴桃喜阴凉湿润，耐寒不耐旱涝，宜选背风向阳山坡或空地种植，土壤要求微酸性沙质土壤。选购时，应注意果实体型饱满、无伤无病、颜色均匀、接近土黄色外皮、接蒂处嫩绿色等特征。和平猕猴桃营养丰富，含有多种维生素、微量元素和氨基酸。2018年，和平猕猴桃获国家地理标志产品保护，成为当地农业的优势产业与主导产业。

十一、和平腐竹

和平腐竹是和平县拥有600多年历史的特色食品，制作工艺烦琐，注重用料和工具，采用本地黄豆和特制平底锅，柴火煮浆。其色泽金黄、豆香浓郁、肉厚耐煮，营养丰富，能预防高脂血症和动脉硬化。和平县是广东省腐竹最大生产基地，年产1.38万吨，总产值4.6亿元，品牌众多。近年来，和平县推动腐竹产业规模化发展，产品畅销国内外，包括香港地区和东南亚地区。2020年，和平腐竹获广东名特优新农产品品牌，贝墩镇被评为腐竹专业镇，现代农业产业园获批建设。和平腐竹食用多样，应存放在干燥通风的地方以保持其新鲜。

十二、和平丝苗米

和平丝苗米是广东省河源市和平县的特色农产品。和平县拥有上千年的水稻种植历史，是广东省重要的商品粮基地和优质水稻产区。和平丝苗米外观晶莹剔透，口感软糯，采用省农科院推荐的优良品种，产值高出普通大米45倍。和平县气候温和、雨量充沛、光照充足，地处粤北九连山区，水源丰富、水质佳、土壤无污染，适合种植丝苗米。2022年5月，和平县成功申报丝苗米省级现代农业产业园，涵盖5个镇，计划总投资2.29亿元，旨在打造"从田头到餐桌"的优质稻米全产业链，推动丝苗米产业发展。

十三、和平茶叶

和平县茶叶产业具有600多年历史，清乾隆年间已闻名遐迩。地处粤北九连山区，气候温和、雨量充沛、土壤肥沃，适宜茶树生长，品种包括铁观音、乌龙、金萱等。目前，和平县已形成以青州、热水等镇为核心的茶叶产业布局，全县茶叶种植面积达2.1万亩，年产量1400

吨，产值2.3亿元，知名品牌有"同湖月""增坑盘皇"等。其中，增坑畲族村的盘皇茶（原名马增茶）是珍稀小叶茶品种，采用传统客家手法结合现代工艺制作，质纯清香、味甘醇厚。为推动产业发展，和平县积极壮大茶叶经营主体，推进万亩茶园工程，打造茶叶种植示范基地，提高茶叶产量、品质和效益，并成立茶叶产业协会，促进茶企交流发展。

十四、黄金百香果

和平黄金百香果是和平县的特色农产品，得益于青州镇等地的高海拔、长光照、大昼夜温差等自然条件，果肉饱满、香味浓郁。近年来，和平县大力发展百香果产业，种植面积达3.3万亩，遍布17个镇，形成了以东水、青州等镇为核心的产业布局。百香果种植基地绿意盎然，农户们忙着采摘、装运，享受丰收的喜悦。和平黄金百香果果皮金黄，汁多肉满，糖度高，市场受欢迎。部分种植基地通过"公司+农户"模式提高种植管理水平，保证品质。和平县加大政策扶持，完善基础设施，提高种植技术，开展农业科技和电商培训，拓宽销售渠道，约70%鲜果通过电商平台销往全国。

十五、和平木耳

和平县的木耳是当地特色农产品，和平木耳主要指黑木耳，外观薄而呈波浪状，干后黑色硬脆，富含铁、维生素K和胶质等营养成分，能养血驻颜、预防血栓、清胃涤肠。其食用价值高，被誉为"素中之荤""中餐中的黑色瑰宝"，可用于凉拌、炒菜等多种菜肴。和平县自然环境适宜木耳生长，所产木耳品质优良。选购时，应选择朵大、耳片厚度适中、表面黑润、干燥无异味的产品。保存干木耳需防潮，可常温或冷藏保存。

紫金县非遗蓝塘土猪宴

紫金县地处广东省东中部,位于河源市东南部、东江中游东岸。其历史可追溯至春秋时期,当时属于百越地区,战国时期则隶属于楚国。自秦代起,紫金县区域先后隶属于南海郡的博罗、龙川两县。隋唐时期,该地区为归善、兴宁两县所辖,宋元时期则为归善、长乐两县之地。明朝隆庆三年(1569年),永安县设立,隶属于惠州府。1914年,因与福建省永安县同名,遂更名为紫金县,此名源自县城附近的紫金山。1949年5月,紫金县解放,初隶属于东江专区,后经过多次行政区划调整,至1988年成为河源市辖县。

紫金蓝塘土猪,也称蓝塘猪,原名芙蓉猪,又名蓝塘铁猪,得名于其核心产区位于广东省河源市紫金县的蓝塘镇。蓝塘猪的形成与其所处的自然地理条件、农业经济条件以及特殊的选育方法紧密相关。蓝塘猪核心产区四周环山,交通极为不便,形成了一种地理上的自然隔离,导致当地猪群长期处于封闭状态。该猪种采用自然交配方式,公猪的配种范围相对固定,更新时则从其与最优秀的母猪配种的后代中选择留种,母猪的选种也多从其后代中进行,或从村民公认的优质母猪后代中选留。蓝塘猪长期处于闭锁选育和高度近交繁殖状态,从而形成了耐近交的特性,遗传性相当稳定,其后代近交系数高达43.8%,但未出现畸形或生活力降低现象。目前,蓝塘猪作为母系使用,杂交效果显著,杂种优势明显。

蓝塘猪具有以下特征:体形适中,头部大小适宜,额部具有三角形和菱形皱褶;毛色较为统一,黑白分界清晰,接近水平直线,分界处有4~6cm宽的灰白带,尾端全黑;具有生长速度快、抗病能力强、皮薄、肉质细嫩等特点。

在河源紫金地区,流传着一段佳话:一位年逾七旬的大学退休教授张悦仁,是20世纪50年代的留苏博士。退休后,他投资20万元创办了生态养猪基地,通过养猪再创业,总结出一套生态养殖技术,并无偿传授给村民,对蓝塘猪的保种工作作出了重要贡献。为了追求更高品质的猪肉,张悦仁尝试对蓝塘猪进行品种改良。鉴于纯种蓝塘猪存在瘦肉率低、生长速度慢的缺陷，他在民间做法的基础上，引进纯种山猪与蓝塘猪杂交，培育出了肉质香浓、瘦肉率可达60%的商品配套系。

　　蓝塘猪作为一种具有地方特色的优良品种，成为畜禽优良种质资源之一。2012年，蓝塘猪荣获"最具魅力土物产"称号，2013年入选"广东十件宝"。目前，紫金县正致力于将蓝塘镇打造为国家级"蓝塘猪"保种基地、省级"蓝塘猪"特色产业基地，并通过深加工打响"蓝塘猪"品牌。

　　紫金蓝塘土猪宴已成为当地特色美食，吸引众多游客前来品尝，成为紫金乡村旅游的重要组成部分。它不仅展示了蓝塘土猪的品质，也反映了当地独特的饮食文化。

第一节　紫金县非遗蓝塘土猪传统宴

一、蓝塘土猪八刀汤

（一）原料组成
猪肝50g，猪心50g，猪粉肠50g，猪腰50g，猪隔山衣50g，猪夹心肉50g，猪五花肉50g，猪镰铁50g，生姜10g，小葱10g，红葱头10g。

（二）菜肴调料
盐10g，味精10g，胡椒粉8g，生粉10g，生抽10g，花生油50g。

（三）制作技艺
1. 将猪杂清洗干净，分开改刀成厚片，沥干水，生姜改刀成丝，小葱改刀成葱花，红葱头切碎，备用。
2. 将改好刀的猪杂与姜丝、盐、味精、胡椒粉、生粉、生抽、花生油捞拌均匀腌制入味备用。
3. 在砂锅中倒入清水用大火烧开，倒入腌制好的猪杂，转小火浸1min至熟，放入盐、味精、胡椒粉调味，撒上葱花，跟上葱头酱油即可。

（四）风味特色
汤清味美，肉质嫩滑。

二、紫金红焖土猪肉

（一）原料组成
精五花肉1600g，老姜50g。

（二）菜肴调料
盐2g，味精3g，鸡粉3g，生抽3g，蚝油5g，胡椒粉5g，客家黄酒3g，老抽3g，片糖10g，南乳10g，花生油50g。

（三）制作技艺
1. 将精五花肉烧去猪毛，清洗干净，改刀成3cm大小的正方块，老姜改刀成角备用。
2. 将切好的五花肉块冷水下锅，用中火煮开，去除血沫捞出冲洗干净，备用。
3. 起锅烧油，将五花肉用小火煸炒至出油，色泽金黄后捞出备用。
4. 起锅烧油，下姜角爆香，下片糖炒出焦糖色，倒入五花肉炒均匀，再放入客家黄酒和生抽炒香，放入适量的水，用大火烧开。放入盐、味精、鸡粉、蚝油、胡椒粉、南乳调味，老抽调色，用大火滚5min转小火加盖焖35min至软烂入味。转大火收汁，收至汁液浓稠，色泽枣红，出锅装盘即可。

（四）风味特色
肥而不腻，肉香微甜。

三、老葱头蒸夹心肉

（一）原料组成
带皮土猪夹心肉400g，老葱头20g。

（二）菜肴调料
盐2g，味精3g，鸡粉3g，生抽3g，蚝油5g，胡椒粉5g，料酒3g，番薯淀粉10g，老抽3g，花生油20g。

（三）制作技艺

1. 将带皮土猪夹心肉改刀成2mm厚的片，老葱头用刀拍一下备用。
2. 将土猪夹心肉片放入盐、味精、鸡粉、料酒、生抽、蚝油、胡椒粉捞拌均匀，番薯淀粉用水化开倒入抓拌均匀，抓拌至起胶质，放入老抽调色，倒入花生油封面。放入盘中均匀地铺平备用。
3. 将铺平的土猪夹心肉放入蒸柜用中大火蒸4min取出，用筷子翻一下面，再放入蒸柜蒸2min至熟取出即可。

（四）风味特色
原汁原味，肉质嫩滑。

四、蓝塘土猪扣肉

（一）原料组成
精五花肉1600g，小葱10g，老姜10g。

（二）菜肴调料
盐2g，味精3g，鸡粉3g，玉桂粉5g，生抽3g，蚝油5g，胡椒粉5g，客家黄酒3g，老抽3g，花生油20g。

（三）制作技艺

1. 将精五花肉烧去猪毛，清洗干净，五花肉面上放上姜、小葱放入蒸柜蒸25min至熟备用。
2. 将蒸好的五花肉凉凉，在猪皮部分均匀地涂抹上客家黄酒和生抽上色备用。
3. 起锅烧油，锅底放入一片不锈钢垫，油温升至180℃，将猪皮朝下放入锅中，炸至色泽枣红，起虎皮状捞出马上放入冰水过冷，用冷水冲去油脂备用。
4. 起锅烧油，爆香姜葱，放入盐、玉桂粉、生抽、蚝油、味精、鸡粉、胡椒粉调味，老抽调色，将炸好的五花肉放入锅中用大火烧开5min，转小火加锅盖煮20min，转大火收汁，收至汁芡浓稠，色泽枣红，捞起备用。
5. 将煮好的五花肉凉凉，改刀成长10cm、宽0.8cm的厚件，整齐地放入鸡公扣碗，排扣好。淋上汁芡，放入蒸柜蒸50min，蒸至软烂入味，翻扣装盘即可。

（四）风味特色
软烂入味，味道香浓。

五、花生油清蒸排骨

（一）原料组成

土猪精排骨500g，生姜10g，蒜子10g，红葱头10g，小葱10g。

（二）菜肴调料

盐2g，味精3g，鸡粉3g，胡椒粉5g，料酒3g，番薯淀粉10g，花生油20g。

（三）制作技艺

1. 将土猪精排骨砍成宽2cm的排骨块，冲洗干净沥干水，生姜、蒜子、红葱头用刀拍碎，小葱切成葱花备用。
2. 将沥干水的排骨加入生姜、蒜子、红葱头、盐、料酒、味精、鸡粉、胡椒粉调味，捞拌均匀，番薯淀粉用水化开倒入捞拌至起胶质，倒入花生油封面腌制入味备用。
3. 将腌制好的排骨均匀地平铺在盘子中，放入蒸柜用中大火蒸8min取出，用筷子翻面再蒸7min，蒸至排骨脱骨软烂取出，淋上花生油，撒上葱花即可。

（四）风味特色

原汁原味，排骨嫩滑。

六、萝卜炒大肠猪肚酸

（一）原料组成

土猪大肠二段150g，土猪肚尖150g，白萝卜100g，酸菜100g，红椒30g。

（二）菜肴调料

盐2g，味精3g，鸡粉3g，生抽3g，蚝油5g，胡椒粉5g，料酒3g，生粉100g，老抽3g，辣椒油20g，白醋10g，白糖10g，花生油50g。

（三）制作技艺

1. 将猪大肠二段和猪肚尖分别翻过来用剪刀剪去多余的油脂，放入适量生粉和白醋抓拌均匀，冲洗掉黏液，沥干水备用。
2. 将猪大肠改刀成2cm宽的段，猪肚取肚尖用十字花刀改刀成1cm宽的条，白萝卜削皮改刀成3mm厚的长方片，酸菜改刀成6cm长的段，红椒改刀成菱形角备用。
3. 将猪大肠二段和猪肚尖放入盐、味精、鸡粉、胡椒粉、料酒、生粉腌制入味。用盐、味精、鸡粉、生抽、蚝油、料酒、老抽、白醋、白糖、生粉调一个碗芡备用。
4. 起锅烧水，放入油倒入白萝卜片和酸菜飞水备用。
5. 起锅烧油，将锅烧至大热，放入猪肠和猪肚盖上锅盖用大火焗30s，马上翻面焗20s，倒入白萝卜片、酸菜、青红椒角，倒入碗芡，快速用猛火炒均匀，炒出锅气，放入包尾辣椒油，出锅装盘即可。

（四）风味特色

酸辣开胃，口感爽脆。

七、客家酿猪红

（一）原料组成

猪血500g，白萝卜200g，五花肉100g，红葱头100g，虾米50g，鱿鱼须20g。

（二）菜肴调料

盐2g，味精3g，鸡粉3g，生抽3g，鱼露3g，蚝油5g，胡椒粉5g，糯米粉100g，粘米粉200g，花生油50g。

（三）制作技艺

1. 将五花肉改刀成小粒，白萝卜改刀成丝，红葱头剁碎备用。
2. 起锅烧油，爆香五花肉粒，再放入虾米、鱿鱼须、红葱碎用慢火煸炒出香味，再倒入白萝卜丝快速翻炒，加入盐、味精、鸡粉、鱼露、生抽、蚝油、胡椒粉调味，倒出备用。
3. 将鲜猪血加入适量的水和糯米粉、粘米粉稀释均匀，倒入炒好的料，加入盐、味精、鸡粉、鱼露、生抽、蚝油、胡椒粉调味捞拌均匀备用。
4. 将捞拌好的猪血倒入不锈钢盘，放入蒸柜蒸20min至熟取出晾凉备用。
5. 将凉凉的酿猪血改刀成6cm长、宽3cm的厚件，整齐摆盘，放入蒸柜用猛火蒸3min至热透取出即可。

（四）风味特色

味道香浓，口感软糯。

八、眉豆煲猪头壳肉

（一）原料组成
土猪头壳骨1000g，眉豆200g。

（二）菜肴调料
盐2g，味精3g，鸡粉3g，胡椒粉5g，料酒30。

（三）制作技艺
1. 将猪头壳骨用骨刀砍成大件，去掉猪牙，放入用冷水冲洗浸泡去血水，捞出去掉骨渣，眉豆用冷水泡发备用。
2. 冷水下锅，下猪头骨和料酒用大火煮开，去掉血沫。再用冷水冲洗干净备用。
3. 将猪头骨和眉豆放入砂锅，加入适量的水，用大火烧开转小火，放入盐、味精、鸡粉、胡椒粉调味。煲40min。煲至骨肉分离，软烂即可。

（四）风味特色
汤清味美，肉质滑嫩。

九、蓝塘黄酒焗猪脚

（一）原料组成
猪前脚800g，老姜50g。

（二）菜肴调料
盐2g，味精3g，鸡粉3g，八角2g，香叶2g，生抽3g，蚝油5g，胡椒粉5g，客家黄酒3g，老抽3g，花生油50g。

（三）制作技艺
1. 将猪前脚烧干净毛，清洗干净，砍成4cm宽的件备用。老姜改刀成姜角备用。
2. 将猪手冷水下锅，用大火飞水，去除血沫，捞出冲洗干净备用。
3. 将高压锅用大火烧热，放入油，爆香姜角和猪手，赞入客家黄酒和生抽炒至上色，放入少量的水，加入盐、味精、鸡粉、八角、香叶、蚝油、胡椒粉调味，老抽调色，加盖用高压锅中火压制8min。开盖后大火收汁，收汁收至浓稠，色泽枣红装盘即可。

（四）风味特色
口感爽脆，味道香浓。

十、蒜米豆豉蒸猪头皮

（一）原料组成
土猪头皮300g，小葱10g，蒜子10g。

（二）菜肴调料
盐1g，味精3g，鸡粉3g，豆豉2g，生抽3g，蚝油5g，胡椒粉5g，料酒3g，老抽3g，红薯淀粉8g，花生油50g。

（三）制作技艺
1. 将猪头皮用火枪烧去猪毛，清洗干净，改刀成长8cm的片，蒜子用刀拍碎，小葱改刀成葱花备用。
2. 将猪头皮放入盆中，放入蒜子和豆豉，加入盐、味精、鸡粉、生抽、蚝油、胡椒粉、料酒调味，老抽调色，加入红薯淀粉捞拌均匀，封上花生油，平铺在盘中备用。
3. 将捞好味的猪头肉放入蒸柜用中大火蒸至5min取出，用筷子翻面放入再蒸2min至仅熟取出，撒上葱花即可。

（四）风味特色
肥而不腻，豉香味浓。

十一、爆炒梅头肉

（一）原料组成
土猪梅头肉300g，土芹菜100g，白萝卜50g，红尖椒10g，红葱头5g，姜5g。

（二）菜肴调料
盐2g，味精3g，鸡粉3g，生抽3g，蚝油5g，胡椒粉5g，料酒3g，生粉8g，花生油50g。

（三）制作技艺
1. 将猪梅头肉改刀成片，土芹菜改刀成长8cm的段，红尖椒改刀成菱形角，白萝卜改刀成8cm的长方片备用。
2. 将猪梅肉片放入盐、鸡粉、生抽、蚝油、胡椒粉、生粉捞拌均匀。腌制入味，封上花生油备用。
3. 起锅烧水，下盐和味精，倒入白萝卜片飞水至熟倒出备用。
4. 起锅烧油，将锅烧至八成热，快速倒入料头和腌制好的梅头肉，用锅铲摊开用猛火快速生炒至八成熟，赞入料酒，倒入土芹菜、白萝卜片、红椒角快速翻炒，倒入生粉芡爆炒，加包尾油出锅装盘即可。

（四）风味特色
肉质嫩滑，锅气十足。

第二节　紫金县非遗蓝塘土猪传承宴

一、蚝豉清炖土猪汤

（一）原料组成

猪夹心肉300g，猪龙骨200g，猪肝50g，蚝豉50g。

（二）菜肴调料

盐10g，味精10g，胡椒粒15g。

（三）制作技艺

1. 将猪夹心肉改刀成厚件，猪龙骨砍成宽3cm的块，猪肝改刀成厚片，蚝豉用热水浸泡，去掉杂质备用。
2. 将改好刀的肉放入炖盅，面上放入蚝豉，加入适量的水，放入盐、味精、胡椒粒调味。加上盖放入蒸柜用猛火蒸1h取出即可。

（四）风味特色

汤清味甜，肉香扑鼻。

二、鸿禧东坡肉

（一）原料组成
精土五花肉900g，老姜50g。

（二）菜肴调料
盐2g，味精3g，鸡粉3g，生抽3g，蚝油5g，胡椒粉5g，客家黄酒30g，冰糖10g，红曲米20g，八角5g，香叶3g，花生油50g。

（三）制作技艺
1. 将精五花肉烧干净猪毛，清洗干净，老姜改刀成姜角备用。
2. 将五花肉整块放入蒸柜，蒸20min至熟取出。改刀成20cm的正方块，并在猪皮上界划上井字花刀，不要切断，备用。
3. 将砂锅烧热，放入花生油爆香姜角、八角、香叶。再放入冰糖用小火炒出糖色，赞入客家黄酒，倒入适量的水用大火烧开，放入盐、味精、鸡粉、生抽、蚝油、胡椒粉调味，红曲米调色。放入五花肉加盖用小火煲30min。煲至软烂入味。用大火收汁，收至汁液浓稠，色泽枣红装盘出即可。

（四）风味特色
色泽红亮，酒香微甜。

三、老酒焖猪脚

（一）原料组成
新鲜土猪脚800g，老姜30g，土鱿须20g，干香菇10g，蚝豉10g，西蓝花100g。

（二）菜肴调料
盐2g，味精3g，鸡粉3g，生抽3g，老抽2g，蚝油5g，胡椒粉5g，老香料酒30g，花生油50g。

（三）制作技艺
1. 将新鲜土猪脚用火枪烧去猪毛，并用刀刮干净，擦洗干净，砍成宽5cm的厚块，老姜改刀成姜角，西蓝花改刀去掉边料备用。
2. 将猪脚冷水下锅，用大火烧开，飞水除去血沫，清洗干净备用。
3. 起锅烧油，将猪脚倒入锅中，用中火慢炒，炒至出油，色泽微黄倒出备用。
4. 起锅烧油，先放入干香菇、土鱿须、蚝豉炸香炸干捞出备用。用原锅爆香姜角，倒入猪脚炒出香味，赞入老香料酒和生抽炒至上色，放入适量过面的水、炸香的香菇、土鱿须、蚝豉，下盐、味精、鸡粉、蚝油、胡椒粉调味，下老抽调色。用大火滚开5min，转小火加锅盖焖煮30min，焖至皮爽口，软烂

入味。用大火收汁，收至汁液浓稠，色泽枣红装盘，起锅飞水西蓝花围边即可。

（四）风味特色

咸香入味，皮爽肉烂。

四、农家回锅肉

（一）原料组成

五花肉300g，木耳100g，青红椒100g。

（二）菜肴调料

盐2g，味精3g，鸡粉3g，豆瓣酱5g，豆豉5g，生抽3g，老抽2g，蚝油5g，胡椒粉5g，料酒5g，生粉5g，花生油50g。

（三）制作技艺

1. 将五花肉切成片，木耳洗净，青红椒改刀成菱形椒备用。
2. 起锅烧水，放入木耳飞水备用。
3. 起锅烧油，将五花肉倒入，用小火爆香，烹入料酒，爆至出油。倒入料头和豆瓣酱、豆豉炒出红油，放入木耳和青红椒爆炒，下盐、味精、鸡粉、生抽、蚝油、胡椒粉调味，老抽调色，生粉勾芡，用猛火快速翻炒，出锅装盘即可。

（四）风味特色

豉香味辣，咸香下饭。

五、鹿茸菇炒猪颈肉

（一）原料组成

猪颈肉200g，泡发鹿茸菇100g，白萝卜50g，青红椒30g，广东菜心50g，葱度3g，姜（指甲片）3g，蒜蓉2g。

（二）菜肴调料

盐2g，味精3g，鸡粉3g，生抽3g，老抽2g，蚝油5g，胡椒粉5g，料酒5g，生粉5g，花生油50g。

（三）制作技艺

1. 将猪颈肉和白萝卜切成长8cm的薄片，鹿茸菇清洗干净，青红椒改刀成菱形椒备用。
2. 猪颈肉下适量盐、味精、鸡粉、胡椒粉、料酒、生粉腌制备用。
3. 起锅烧水，放入适量盐、味精、油，倒入鹿茸菇和白萝卜片飞水捞出，广东菜心飞水备用。
4. 起锅烧油，下猪颈肉煎至两面金黄，倒入料头爆香，倒入鹿茸菇和白萝卜片猛火爆炒，用适量盐、味精、鸡粉、生抽、蚝油、胡椒粉、料酒、生粉调一个碗芡倒入，猛火快速翻炒。加尾油出锅装盘，围上广东菜心即可。

（四）风味特色

爽脆可口，锅气十足。

六、客家甜酸排骨

（一）原料组成

新鲜猪精排骨400g，菠萝（罐头）100g，青红椒50g，鸡蛋1个。

（二）菜肴调料

盐10g，味精10g，胡椒粉10g，番茄沙司80g，白糖60g，白醋70g，生粉100g，料酒10g，花生油1000g（耗油50g）。

（三）制作技艺

1. 将新鲜猪精排骨砍成宽2cm的排骨件，用生粉抓拌均匀冲洗干净，沥干水分，菠萝改刀成件，青红椒改刀成菱形片备用。
2. 将排骨件用盐、味精、胡椒粉、料酒腌制10min入味，加入一个鸡蛋黄捞拌均匀，外面均匀地裹上生粉备用。
3. 起锅烧油，油温烧至150℃，倒入排骨用小火浸炸2min，炸至色泽微黄，转大火将油温升至160℃，倒入排骨复炸至外表酥脆，色泽金黄捞出备用。
4. 起锅烧油，放入番茄沙司、白醋、白糖和适量的水用小火将糖醋煮化，倒入排骨、菠萝、青红椒快速翻炒，将糖醋汁包裹均匀，收汁至色泽红亮，浓稠。放入包尾油出锅装盘即可。

（四）风味特色

酸甜开胃，老少皆宜。

七、香煎土猪肉酿豆腐

（一）原料组成

土猪五花肉150g，石膏豆腐500g，红葱头20g，小葱10g。

（二）菜肴调料

盐2g，味精3g，鸡粉3g，胡椒粉5g，料酒5g，生粉5g，大地鱼粉10g，花生油50g。

（三）制作技艺

1. 将土猪五花肉和红葱头剁成颗粒分明的肉馅，石膏豆腐改刀成长6cm、宽4cm的厚件，小葱改刀成葱花备用。
2. 将剁好的肉馅加入盐、味精、鸡粉、大地鱼粉、胡椒粉、料酒、生粉搅拌均匀，用力摔打起胶，制成肉馅备用。
3. 将豆腐件中间挖个小洞，酿入肉馅备用。
4. 起锅烧油，将酿好的豆腐放入锅中，用中小火煎至两面金黄，放入适量的水用中火焖煮3min，大火收汁至干身，放入烧热的砂锅，整齐装盘即可。

（四）风味特色

豆香滑嫩，咸香入味。

八、藕尖炒土猪肠

（一）原料组成

猪大肠二段400g，藕尖200g，青红椒50g，葱度2g，蒜蓉2g，姜（指甲片）2g。

（二）菜肴调料

盐12g，味精3g，鸡粉3g，生抽3g，蚝油3g，胡椒粉5g，料酒3g，白醋50g，生粉100g，花生油50g。

（三）制作技艺

1. 将猪大肠二段翻过来，去掉多余的油脂，再翻回来用白醋和生粉搓洗干净，吊干水备用。
2. 将猪肠改刀成2cm的段，青红椒改刀成菱形角备用。
3. 起锅烧水，将藕尖飞水倒出备用。
4. 起锅烧油，将炒锅烧至大热，倒入料头和猪大肠爆炒。爆炒至八成熟，赞入料酒，倒入藕尖和椒角，放入盐、味精、生抽、蚝油、鸡粉、胡椒粉调味，用生粉勾芡，急火快炒出锅装盘即可。

（四）风味特色

口感爽脆，酸辣开胃。

九、沙姜捞猪肚

（一）原料组成

新鲜土猪肚500g，鲜沙姜30g，香菜20g，小葱20g，红葱头20g，熟白芝麻3g，炸花生米10g。

（二）菜肴调料

盐12g，味精3g，鸡粉3g，生抽3g，胡椒粉15g，料酒3g，白醋50g，生粉100g，盐焗鸡粉5g，花生油30g。

（三）制作技艺

1. 将新鲜土猪肚翻过来，用剪刀剪去多余的油脂和杂质，再翻回来放入盐、生粉、白醋用手用力揉搓，去掉猪肚的黏液，用水冲洗干净备用。
2. 起锅烧水，放入料酒和姜葱，倒入猪肚飞水至定型倒出冲洗干净备用。
3. 将猪肚放上姜葱和胡椒粉，放入蒸柜用中大火蒸30min，蒸至猪肚爽脆取出备用。
4. 将猪肚改刀成宽1cm的猪肚条，鲜沙姜和红葱头去皮，用刀拍碎，香菜和小葱改刀成小段备用。
5. 起锅烧水，将猪肚飞水至仅熟捞出，放入盆中加入鲜沙姜、红葱头碎、香菜、葱段，放入盐、味精、鸡粉、盐焗鸡粉、生抽、胡椒粉、花生油用炒勺捞拌均匀，装盘，面上撒上熟白芝麻和炸花生米即可。

（四）风味特色

猪肚爽脆，沙姜味浓。

十、灵芝蒸猪头骨

（一）原料组成

猪头骨1500g（半个），灵芝30g，薄荷20g，蒜子10g，小米椒10g。

（二）菜肴调料

盐12g，味精3g，鸡粉30g，生抽3g，胡椒粉15g，花生油30g。

（三）制作技艺

1. 将猪头骨半边，去掉杂质，清洗干净沥干水分、薄荷、小米椒、蒜子剁成蓉备用。
2. 将盐、味精、鸡粉、胡椒粉搅拌均匀，均匀地涂抹猪头骨，腌制10min至入味。剁好的薄荷辣椒蓉放入盐，生抽搅拌均匀。放入花生油制作成蘸料备用。
3. 将腌制好的猪头骨放入蒸盘，在猪头骨上面放上灵芝放入蒸柜用中大火蒸30min，蒸至骨肉分离，肉质软烂取出备用。
4. 将猪头骨用刀把肉取出，把猪骨头放入盘中垫底，将取出的猪头骨肉改刀成厚片，整齐均匀地排在猪头骨上，面上摆上灵芝，淋上原汤，跟上薄荷蘸料即可。

（四）风味特色

肉质嫩滑，鲜香味美。

十一、韭菜煮猪红

（一）原料组成

猪红400g，韭菜100g，老姜15g，海米8g。

（二）菜肴调料

盐2g，味精3g，鸡粉3g，生抽3g，蚝油3g，胡椒粉5g，料酒3g，生粉8g，花生油50g。

（三）制作技艺

1. 将猪红改刀成2cm的正方丁，韭菜改刀成长8cm的段，老姜用刀拍成碎备用。
2. 起锅烧水，下盐、味精，倒入猪红用小火将猪红浸至热透备用。
3. 起锅烧油，爆香姜碎和海米，赞入料酒加入适量的猪肉汤，倒入猪红用中小火焖煮，放入盐、味精、鸡粉、生抽、蚝油、胡椒粉调味，生粉勾薄芡，倒入韭菜略煮，加包尾油出锅装盘即可。

（四）风味特色

口感滑嫩，韭香味浓。

第三节　紫金县名优代表性食材农产品推介

一、紫金辣椒酱

紫金辣椒酱是广东省河源市紫金县的传统名优特产，始创于清乾隆三十六年（1771年），原名沈鸿昌辣椒酱，已有200多年历史。它选用优质辣椒、大蒜、虾仁、花生油等20多种原料，经过复杂工艺如腌制、调配、装罐等制成，不添加任何食品添加剂，保证了产品的天然和健康。紫金辣椒酱风味独特，甜辣适中，口感丰富醇厚，且营养丰富，含有维生素C、胡萝卜素等，还富含蛋白质等营养物质。它用途广泛，可用于拌面、拌饭、炒菜、炖肉及蘸食各种食物。紫金辣椒酱品牌如"永安"等，在省内外享有较高知名度，不仅是紫金县的传统名牌产品，还被列入广东省非物质文化遗产保护名录，成为广东的非遗伴手礼之一。

二、紫金牛肉丸

紫金牛肉丸是广东省河源市紫金县的传统客家美食，源自龙窝镇，历史悠久，可追溯到清朝末年。它以新鲜牛腿包肉为主料，经特制锤刀槌打成肉浆，加入雪粉、精盐、鱼露等调料拌匀，制成个大、口感筋道、味道鲜美的牛肉丸，带有浓郁的胡椒味，能驱寒祛湿，补中益气，强健筋骨。紫金牛肉丸食用方法多样，可煮汤、烧烤、炒菜等，其中煮汤最为常见。牛肉富含蛋白质、维生素B_6、维生素B_{12}及铁、锌等营养成分，能增强免疫力、促进肌肉生长、补血，且脂肪含量低，适合减肥人士食用。紫金牛肉丸不仅是紫金县的特色美食，也是一道营养丰富的佳肴。

三、紫金蝉茶

紫金蝉茶是广东省河源市紫金县的传统名茶，产地环境优越，位于北回归线黄金宝地，气候温和、光照充足、雨量充沛，森林覆盖率高，土质碱性适合种茶，是孕植高品质茶叶的绝佳圣地。紫金蝉茶最特别之处在于茶菁必须让小绿叶蝉叮咬吸食，昆虫唾液与茶叶自愈时分泌的酵素混合出特别的香气，形成醇厚果香蜜味，且生产过程不使用农药，更显珍贵。紫金蝉茶采制时间在初夏小满时和初冬禾黄时，经特殊工艺精心制作后具备独特的天然蜜香。紫金蝉茶风味独特，带有花香、熟果香、蜜香，滋味醇厚带甜，回甘好，耐冲泡，茶汤色明澈艳丽，茶香浓郁，入口香醇甘润，唇齿留香。此外，紫金蝉茶含有大量的茶多酚和微量元素，具有降血压、抗氧化、防衰老等营养价值。因其独特的产地、生长、制作工艺和风味，紫金蝉茶深受茶客喜爱，成为茶叶中的珍品。

四、紫金蔬菜

紫金县的蔬菜种植区域广泛，以柏埔、瓦溪、好义、上义、凤安、蓝塘等镇为核心区域，具备适宜蔬菜生长的土壤、气候和水源条件。品种丰富多样，包括口感鲜嫩、营养丰富的叶菜类如白菜、生菜、菠菜，果实饱满、口感清甜的瓜类如南瓜、冬瓜、黄瓜，以及富含蛋白质、维生素和矿物质的豆类蔬菜如豆角、豌豆、蚕豆。此外，紫金县的很多蔬菜种植基地采用绿色生态种植方式，使用有机肥、生物防治病虫害等，确保蔬菜品质好、安全健康，符合现代人对食品安全的要求。

五、紫金古竹双坑土鸡

紫金古竹双坑土鸡以广东省四大名鸡之一的胡须鸡为原种，肉质鲜美、营养丰富。其养殖基地位于紫金县古竹镇，环境优越，丘陵山地广阔，果园竹林丰富，空气清新，水质优良。采用低密度、原生态散养方式，饲料无公害，不添加激素和抗生素，养殖周期长，确保鸡肉品质和安全。土鸡肉质细嫩，口感香甜，脂肪少，皮薄，蛋黄金黄，蛋清黏稠，营养价值高。2016年，在当地扶贫驻村工作队帮助下，成立了阿凡提种养农民专业合作社，注册了"古竹双坑土鸡"商标，实现了全方位监控和可追溯管理。如今，古竹双坑土鸡已成为当地特色农产品品牌，深受河源及珠三角地区消费者喜爱，带动了当地养殖户增收致富。

六、紫金春甜橘

紫金春甜橘是广东省河源市紫金县的特产，1983年由当地科技局与农业局选育自"三月红"橘树，经专家鉴定为优质稀有水果。果实扁圆形，金黄油亮，果皮薄易剥，口感低酸清甜，果肉脆嫩多汁，芳香浓郁，少核或无核，食用率高。作为迟熟品种，紫金春甜橘在春节期间成熟，成为节日馈赠佳品。得益于紫金县亚热带季风气候的优越自然条件，春甜橘主要种植于蓝塘镇、好义镇、上义镇、龙窝镇和紫城镇等地。其荣获多项荣誉，包括全省推广种植主导品种、春甜橘技术创新专业镇称号、东江上游特色水果产业四大品种之一、岭南十大佳果及国家地理标志保护产品。紫金春甜橘因其独特风味、优良品质和特定成熟时间，深受消费者喜爱，享有较高知名度和美誉度。

七、紫金好义三黄鸡

紫金好义三黄鸡是广东省河源市紫金县好义镇的传统特产，以其"三黄"（嘴黄、脚黄、皮黄）鲜明、带胡须、体型适中的外观特征，以及生长在当地自然条件优越、水质甘甜的环境中而著称。其肉质鲜美，肉纤维细腻，香味浓郁且带甜味，韧性适度，咬起来有嚼劲，无论是炖煮、清蒸还是炒制，都能保持良好口感。因其优良品质和独特口感，紫金好义三黄鸡在珠三角地区享有较高知名度，是当地的特色美食之一。

八、紫金南岭咸菜

紫金南岭咸菜是广东省河源市紫金县南岭镇的特色农产品，选用当地肥沃土壤、适宜气候种植的优质芥菜，以及纯净无污染的水源，经过精细腌制和自然发酵的传统工艺制作而成。咸菜口感爽脆，咸酸适中，带有芥菜本身的清香，既可直接食用搭配主食，也可用于烹饪，如搭配肉类炒制或炖煮，增加菜肴的美味。南岭咸菜因其独特的口感和风味，深受消费者喜爱，是当地的一张美食名片。

九、紫金南岭灵芝

紫金南岭灵芝是广东省河源市紫金县南岭镇的特产，得益于当地山清水秀、空气清新的优质自然环境，其品质优良，外观完整，色泽鲜艳，质地坚实。灵芝富含多糖、三萜类化合物、蛋白质、氨基酸等多种营养成分，具有一定的保健功效。紫金南岭灵芝不仅可作为中药材使用，还可用于制作保健品、食品等，具有多种用途，深受市场欢迎。

8 源城桂山非遗乡土山野宴

　　源城区是广东省河源市市区，也是河源市唯一的行政辖区，是河源市的政治、经济、文化中心。位于广东省东北部、河源市南部，地处珠三角地区与粤东、粤北山区的结合部。源城区的辖区是原河源县的一部分，原河源县从南齐永明元年（483年）建县至1988年有1500多年的历史。1988年1月，经国务院批准撤销河源县，设立河源市，原河源县分设源城区和郊区（后改为东源县），原河源县的东埔镇、源城镇、埔前镇和高埔岗农场划为源城区辖区。源城区下辖6个街道（上城街道、新江街道、东埔街道、源西街道、高埔岗街道、城东街道）、2个镇（源南镇、埔前镇），46个社区，28个村。

　　源城区的山脉主要有桂山山脉和梧桐山。桂山位于源城老城区西南方10.5公里处，是桂山山脉的一段，方圆50平方公里，山峰海拔700m以上，主峰海拔1056m（据《源城区志》）。据说在古代，桂山所产的茶被视为"仙茶"。相传很久以前，一个磨豆腐的青年和一个放牛的姑娘以桂山细茶为媒，成就了一段美好姻缘。传说桂山顶上有仙人足迹，后来变成了一个脚迹印井，井水清凉解渴，用此水泡出的茶格外好喝。另外，明代吴高有《忆桂山》诗云："曾饮桂山茶，未登桂山路。芒鞋白苎衣，相约游山去。"近几年，桂山茶传统制作技艺已被列入市级非物质文化遗产名录。

　　河源桂山拥有丰富的药材资源。桂山风景区内有良好的生态环境，生长着很多种药食用植物。一些常见的药食同源食材包括：五指毛桃、牛大力、金线莲、石榄、石黄皮、深山不出头、铁皮石斛、灵芝等。现在在源城区已经把大部分药食同源的食材人工种植化。源城区很多餐厅和酒楼的厨师，结合现代人的养生的理念，利用农家特色生态食材和药材研发出药食同源的乡土野宴。一经推出便受到市民和外地游客的一致赞赏。

第一节　源城桂山非遗乡土山野传统宴

一、牛大力炖牛骨汤

（一）原料组成
牛龙骨500g，牛大力50g。

（二）菜肴调料
盐10g，味精10g，白胡椒粒5g。

（三）制作技艺

1. 将牛龙骨砍成2cm的块清洗沥干水分，牛大力用水浸泡洗净，备用。
2. 起锅烧水，将牛龙骨飞水至去除血沫，冲洗干净，备用。
3. 将牛龙骨放入炖盅，面上加入牛大力，放入盐、味精、白胡椒粒调味。加入八分满的水，封上保鲜膜，放入蒸柜用猛火炖4h至汤清取出，撇去油分出餐即可。

（四）风味特色
汤清味美，补肾助阳。

二、非遗盐焗鸡

（一）原料组成
埔前胡须鸡1250g（1只）。

（二）菜肴调料
盐焗鸡粉15g，沙姜粉5g，黄栀子粉8g，鸡粉5g，花生油20g，粗海盐10000g，白芝麻30g。

（三）制作技艺

1. 将埔前胡须鸡掏干净内脏，清洗干净，吊干水分，备用。
2. 将盐焗鸡粉、沙姜粉、黄栀子粉、鸡粉全部搅拌均匀，放入适量的花生油，备用。
3. 用吸水纸将埔前胡须鸡吸干水分，调好的盐焗鸡料均匀用力地涂抹鸡的全身，涂抹至鸡身金黄，用油刷把花生油将玉扣纸刷均匀，将腌制好的鸡用玉扣纸包裹，备用。
4. 起锅放入粗海盐，用中小火炒5min将粗海盐炒干水分，至啪啪作响，取出三分之一的粗盐，放入包裹好的鸡，鸡背朝上。面上均匀地铺上取出的海盐，盖上锅盖，锅盖四周用湿毛巾围上，用中小火焗45min，焗至盐焗鸡刚熟，色泽金黄取出，备用。
5. 将焗制好的鸡用手撕开，撕至鸡骨成块状，鸡皮成大片状，鸡肉成丝状，放入炒好的白芝麻和花生油捞拌均匀，将鸡头和鸡翅摆回原型，鸡骨垫底，鸡肉摆中间，面上铺上鸡皮，跟盐焗鸡粉蘸料上即可。

（四）风味特色
盐香肉实，鸡味浓郁。

三、水绿菜河西焖家猪

（一）原料组成

农家五花肉800g，农家水绿菜200g，姜10g。

（二）菜肴调料

盐6g，味精8g，生抽8g，蚝油5g，片糖20g，老抽5g，料酒50g，花生油50g。

（三）制作技艺

1. 起锅将锅烧至大热，将农家五花肉猪毛部分放入锅中，用钢丝球将猪毛擦洗干净，备用。
2. 将五花肉改刀成3cm的正方块，水绿菜改刀成8cm长的段，姜切成姜角，备用。
3. 起锅烧油，下五花肉用中小火煸炒至出猪油，色泽金黄倒出，备用。
4. 起锅烧水，将水绿菜倒入飞水，去除异味，捞出备用。
5. 起锅烧油，爆香姜角，下炒好的五花肉赞入料酒和生抽，炒至上色。倒入热水至过面，用大火烧开，下盐、味精、蚝油、片糖调味，老抽调色，转小火焖30min，焖至软烂入味。下水绿菜用大火收汁，收至汤汁浓稠，色泽枣红，装盘即可。

（四）风味特色

肥而不腻，入口即化。

四、农家豆角干蒸清水鸭

（一）原料组成

清水仔鸭1000g，农家豆角干200g，姜20g，高山茶油100g。

（二）菜肴调料

盐8g，味精8g，胡椒粉10g，农家番薯淀粉10g。

（三）制作技艺

1. 将清水仔鸭掏干净内脏，拔去幼毛，砍成1cm宽的件，清洗干净沥干水，将农家豆角干用温水浸泡30min至透，冲洗干净，姜用刀拍碎，备用。
2. 将鸭件放入盐、味精、胡椒粉、姜碎捞均匀，腌制入味，再加入农家番薯淀粉捞拌均匀，放入高山茶油封面，盘中放入农家豆角干垫底，面上平铺上腌制好的鸭件，备用。
3. 将摆好的鸭子放入蒸柜用中大火蒸至10min，蒸至鸭肉刚熟取出，淋上高山茶油即可。

（四）风味特色

肉质紧实，清甜可口。

五、酒糟煮河虾杂鱼

（一）原料组成
河虾200g，杂鱼300g，客家酒糟100g，姜20g。

（二）菜肴调料
盐6g，味精6g，白糖10g，胡椒粉10g，生粉8g，花生油10g。

（三）制作技艺
1. 将杂鱼宰杀处理干净，河虾洗净，将姜拍碎，备用。
2. 将杂鱼下适量盐、味精、胡椒粉、生粉腌制10min，备用。
3. 起锅烧油，油温至150℃放入杂鱼用中小火浸炸3min，炸至干身金黄转大火复炸至香酥捞出，用原油锅放入河虾，大火将河虾炸至酥脆捞出，备用。
4. 起锅烧油，爆香姜碎，下入炸好的杂鱼和河虾，放入客家酒糟，加入适量的清水，放入适量盐、味精、胡椒粉、白糖调味，用中小火煮3min，煮至汤汁浓稠装盘即可。

（四）风味特色
鱼肉香甜，酒香四溢。

六、土猪肉酿笋干

（一）原料组成
土猪肉150g，笋干100g，干香菇10g，红葱头10g，小葱5g。

（二）菜肴调料
清汤150g，花生油50g，盐5g，味精8g，生抽5g，蚝油3g，胡椒粉8g，老抽3g，生粉10g。

（三）制作技艺
1. 提前一天将笋干用冷水浸泡至透，用清水冲洗干净异味，放入压力锅压8min，压至笋干爽脆不硬，冲洗干净，备用。
2. 将土猪肉加入干香菇和红葱头剁成颗粒分明的肉馅，加入适量盐、味精、胡椒粉、生粉搅拌均匀，摔打上劲备用。
3. 将发好的笋干改刀成3cm的骨牌形，从中间用刀划一刀，小葱切成葱花，备用。
4. 将改好刀的笋干中间涂上生粉，酿入肉馅，备用。
5. 起锅烧油，将酿好的笋干肉馅处煎至金黄，放入适量的清汤，加入适量盐、味精、蚝油、生抽、胡椒粉调味，老抽调色，用中小火焖3min，焖至收汁，加入尾油，整齐装盘即可。

（四）风味特色
爽脆入味，农家风味十足。

七、鲜芋梗炒牛肉

（一）原料组成

本地水牛肉200g，农家芋梗200g，青红尖椒20g，姜10g。

（二）菜肴调料

盐3g，味精3g，生抽5g，蚝油3g，老抽1g，料酒5g，胡椒粉2g，生粉6g，花生油50g。

（三）制作技艺

1. 将本地水牛肉切成片，农家芋梗切成8cm的段，青红尖椒切成菱形角，姜用刀拍碎，备用。
2. 将切好的牛肉下适量盐、味精抓拌均匀，再下姜碎、胡椒粉和生粉抓拌均匀，加入花生油封面，用适量盐、味精、蚝油、生抽、老抽、料酒、生粉调一个碗芡，备用。
3. 起锅烧水，放入油将芋梗飞水捞出，备用。
4. 起锅烧油，锅大热放入腌制好的牛肉，用大火两面煎至六成熟，放入芋梗和青红椒角，倒入碗芡，均匀地用猛火快速翻炒，炒至干身干香加尾油出锅装盘即可。

（四）风味特色

鲜嫩多汁，香浓可口。

八、杆菇酿豆腐

（一）原料组成

杆菇（草菇）150g，土猪五花肉100g，农家豆腐400g。

（二）菜肴调料

清汤150g，花生油50g，葱花10g，盐3g，味精8g，生抽5g，蚝油3g，老抽3g，料酒5g，胡椒粉8g，生粉6g。

（三）制作技艺

1. 起锅烧水，将杆菇飞水去除异味，冲水，备用。
2. 将猪五花肉去皮，加入杆菇剁成颗粒分明的肉馅，加入适量盐、味精、胡椒粉、生粉搅拌均匀，摔打上劲，备用。
3. 将农家豆腐改刀成宽2cm、长6cm的日字形，用小勺在中间挖一个小洞，酿入杆菇肉馅，备用。
4. 起锅烧油，将豆腐肉馅处放底部均匀地摆好，面上撒上适量盐、味精、胡椒粉，用小火煎至金黄倒入适量的清汤，加锅盖用小火焖3min，焖至肉馅熟透，用生抽、蚝油、生粉、胡椒粉、老抽调一个碗芡倒入锅中，用中火收汁，收至汁浓稠，色泽金黄。用锅铲整齐装盘，淋上花生油，撒上葱花即可。

（四）风味特色

嫩滑入味，菇味浓郁。

九、猪油渣炒包菜

（一）原料组成
农家包菜1000g，猪油渣50g，蒜子10g，小米辣5g。

（二）菜肴调料
盐6g，味精8g，生抽10g，猪油100g。

（三）制作技艺
1. 将农家包菜去除老叶，用手撕成片洗净，蒜子用刀拍一下，小米辣切成丁，备用。
2. 起锅烧油，爆香猪油渣和蒜子、小米辣。放入包菜生炒，再放入盐、味精、生抽调味，用猛火炒至爽脆刚熟，倒出装盘即可。

（四）风味特色
爽脆清甜，浓香诱人。

十、农家香芋焗饭

（一）原料组成
香芋200g，丝苗米300g，农家腊肠50g，农家腊肉50g，小葱5g。

（二）菜肴调料
盐6g，味精8g，生抽10g，胡椒粉8g，五香粉3g，猪油100g。

（三）制作技艺
1. 将丝苗米用水泡30min泡透沥干水，香芋改刀成2cm大小的丁，腊肠和腊肉切成小粒，小葱切成葱花，备用。
2. 起锅烧油，用小火爆香腊味粒和香芋丁，爆至香芋表皮金黄倒出，用原锅倒入沥干水的丝苗米，用小火炒至干身，备用。
3. 把炒好的丝苗米放入砂锅，面上放入炒好的腊味和香芋铺平面，加入适量过面的水，放入盐、味精、胡椒粉、五香粉调味，用大火烧开，转小火焗12min，焗的过程中要不断地转换方位，让砂锅受热均匀，焗至米饭熟透，底部起锅巴，淋上生抽和猪油，撒上葱花，用中大火焗30s即可。

（四）风味特色
饭香四溢，香芋软糯。

第二节　源城桂山非遗乡土山野传承宴

一、深山不出头功夫汤

（一）原料组成

老鸡100g，龙骨100g，瘦肉50g，猪肝10g，水鸭50g，老龟50g，鸡爪50g，深山不出头20g，灵芝10g。

（二）菜肴调料

盐8g，味精10g，鸡粉10g，料酒30g。

（三）制作技艺

1　将老鸡、龙骨、水鸭、老龟砍成2cm宽的件，瘦肉切成3cm的块，猪肝切成厚片，鸡爪剪去指甲冲洗干净，深山不出头和灵芝泡水，备用。

2　起锅烧水，放入料酒，将所有肉飞水去除血污，冲洗干净，备用。

3　将飞好水的肉码放入功夫汤盅，面上放深山不出头和灵芝，加入盐、味精、鸡粉，加入八分满的清水，加盖放入蒸柜用猛火蒸4h取出即可。

（四）风味特色

汤清味美，清热解毒。

二、五指毛桃清炖鸡

（一）原料组成
埔前胡须鸡1250g，五指毛桃100g。

（二）菜肴调料
五指毛桃粉10g，鸡粉50g，黄栀子粉5g。

（三）制作技艺

1. 将埔前胡须鸡掏净内脏，拔去幼毛，清洗干净，吊干水。五指毛桃砍成8cm长的段，用清水浸泡，备用。
2. 将五指毛桃粉、鸡粉、黄栀子粉搅拌均匀，备用。
3. 用吸油纸把鸡的水擦干，用调好的调料均匀地涂抹在鸡的全身，涂抹至色泽金黄，鸡肚子里塞入五指毛桃腌制5min，备用。
4. 将鸡放入蒸柜，用中大火蒸15min取出，将鸡翻一下面，再蒸10min至刚熟取出，备用。
5. 将鸡肚的五指毛桃取出，将鸡砍件，摆回鸡的原形，面上放上五指毛桃，淋上鸡的原汁即可。

（四）风味特色
皮爽肉滑，鸡味鲜甜。

三、桂山茶盐焗鸭

（一）原料组成
清水仔鸭1500g，桂山茶50g。

（二）菜肴调料
盐焗鸡粉25g，沙姜粉5g，黄栀子粉8g，鸡粉5g，花生油20g，粗海盐10000g。

（三）制作技艺

1. 将清水仔鸭掏净内脏，拔去幼毛，冲洗干净，吊干水，桂山茶用温水泡开，备用。
2. 将盐焗鸡粉、沙姜粉、黄栀子粉、鸡粉全部搅拌均匀，放入适量的花生油，备用。
3. 用吸水纸将仔鸭吸干，调好的盐焗鸡料均匀用力地涂抹仔鸭的全身，涂抹至鸭身金黄，鸭肚子里塞上泡好的桂山茶叶，用油刷将玉扣纸均匀刷上花生油，将腌制好的仔鸭用玉扣纸包裹，备用。
4. 起锅放入粗海盐，用中小火炒5min将粗海盐炒干水分，至啪啪作响，取出三分之一的粗盐，放入包裹好的鸭，鸭背朝上。面上均匀地铺上取出的海盐。盖上锅盖，锅盖四周用湿毛巾围上。用中小火焗45min，焗至鸭子刚熟，色泽金黄取出，备用。
5. 将焗制好的盐焗鸭，砍成件，摆回原型，四周撒上炸好的桂山茶叶即可。

（四）风味特色
咸香清甜，茶香四溢。

四、油浸薄荷笋壳鱼

（一）原料组成
万绿湖笋壳鱼650g，薄荷100g。

（二）菜肴调料
盐5g，味精8g，鸡粉10g，胡椒粉6g，料酒20g，生粉10g，花生油1000g（耗油50g）。

（三）制作技艺

1 将笋壳鱼宰杀干净，从鱼肚处下刀并在鱼中骨处两边各划一刀，将鱼改成平趴形冲洗干净沥干水分，备用。

2 取50g薄荷放入破壁机加入适量的清水将薄荷破壁成汁用密篱隔渣留粉尘汁，备用。

3 将盐、味精、鸡粉、胡椒粉、料酒放入粉尘汁里，放入笋壳鱼腌制10min至入味捞起沥干水，面上撒上少许生粉，备用。

4 起锅烧油，油温至160℃，放入笋壳鱼用中小火浸炸3min，浸炸至笋壳鱼肉刚熟，转大火将笋壳鱼炸至色泽金黄，外皮酥脆，捞起装盘，鱼四周摆上薄荷叶即可。

（四）风味特色
外酥里嫩，薄荷味浓。

五、酸笋炒人家猪肚尖

（一）原料组成
猪肚尖200g，河源酸笋200g，青红尖椒50g，蒜子10g，姜5g，红葱头5g。

（二）菜肴调料
盐10g，味精8g，生抽5g，蚝油3g，老抽3g，料酒5g，胡椒粉8g，生粉100g，花生油1000g（耗油50g）。

（三）制作技艺

1 将猪肚尖翻过来，剪去多余的油脂。用盐和生粉将猪搓洗均匀，用清水冲洗干净，备用。

2 将猪肚尖用刀取下，用十字花刀将猪肚尖改刀成宽1cm的条，青红椒改刀成菱形角，蒜子和红葱头拍一下，姜切成指甲姜，备用。

3 将切好的猪肚尖放入适量盐、味精、胡椒粉、料酒、生粉腌制，用适量盐、味精、生抽、蚝油、胡椒粉、老抽、生粉调一个碗芡，备用。

4 起锅烧水，放入油和河源酸笋飞水倒出，将锅烧热把酸笋炒至干身倒出，备用。

5 起锅烧水，把腌制好的猪肚尖飞一下水，马上倒出，备用。

6 起锅烧油，油温120℃将猪肚尖拉一下油倒出，用原锅爆香料头和青红椒角，放入河源酸笋和猪肚尖用猛火快速翻炒均匀，下碗芡用猛火兜均匀，加尾油快速爆炒出锅装盘即可。

（四）风味特色
肚尖爽脆，酸笋醒胃。

六、黑椒焗香芋丁

（一）原料组成

农家香芋400g，青红椒5g，蒜子2g，洋葱3g。

（二）菜肴调料

黑胡椒碎15g，盐2g，味精3g，生抽10g，蚝油5g，老抽3g，黄油15g，生粉10g，清汤150g，花生油1000g（耗油50g）。

（三）制作技艺

1. 选用粉糯的农家香芋，去皮洗净，改刀成3cm大小的丁，青红椒、蒜子和洋葱切成粒，备用。
2. 起锅烧油，油温150℃时放入香芋丁浸炸2min至透，转大火炸至色泽金黄捞出，备用。
3. 起锅下黄油，爆香黑胡椒碎和料头放入适量清汤，放入盐、味精、生抽、蚝油调味，老抽调色，放入炸好的香芋丁用小火焖煮1min至入味，用生粉勾芡收汁，收至汁稠加尾油出锅整齐装盘即可。

（四）风味特色

浓香软糯，黑椒味浓。

七、苦瓜干蒸炸猪肉

（一）原料组成

农家五花肉200g，农家苦瓜干100g，姜10g，红葱头10g。

（二）菜肴调料

盐10g，味精8g，生抽5g，蚝油3g，老抽3g，料酒5g，胡椒粉8g，生粉10g，花生油50g。

（三）制作技艺

1. 将苦瓜干用凉水泡2h至透，冲洗干净，备用。
2. 将五花肉用火燎去猪毛擦洗干净，备用。
3. 起锅烧水，放适量料酒、盐、味精、五花肉用中小火煮15min至熟，捞出，用生抽和老抽上色，备用。
4. 起锅烧油，油温升至180℃时放入五花肉用中火炸至枣红色，外皮酥脆，捞起，备用。
5. 将炸猪肉改刀成1cm的厚件，姜和红葱头拍碎，备用。
6. 将泡发好的苦瓜干垫底，炸猪肉件加生抽、蚝油、味精、胡椒粉、花生油、生粉捞拌均匀，平铺在苦瓜干面上，放入蒸柜用猛火蒸10min至软烂出味即可。

（四）风味特色

咸香软糯，农家风味。

八、虾胶酿农家豆角

（一）原料组成

虾仁300g，鲜豆角200g。

（二）菜肴调料

盐10g，味精8g，生抽5g，蚝油3g，老抽3g，料酒5g，胡椒粉8g，生粉30g，花生油100g。

（三）制作技艺

1. 将虾仁挑去虾线，冲洗干净，用吸水纸吸干水，将虾仁用刀面用力拍碎，再用刀背剁成大颗粒的虾肉，放入适量盐用手搓均匀，再适量放入味精、胡椒粉、生粉，用手搓均匀，再用力摔打至起胶，制成虾胶，备用。
2. 起锅烧水，放油将鲜豆角放入飞水，至转青绿色马上捞出过凉水，备用。
3. 将飞好水的豆角，编成圆形，中间部分撒上生粉，酿入虾胶，备用。
4. 起锅烧油，将酿豆角虾胶部分朝下，用小火煎至金黄，加入适量的水，放入适量盐、味精、生抽、蚝油、料酒、胡椒粉调味，老抽调色，用中小火焖煮2min至入味，下生粉芡收汁，收至色泽金黄，汁浓稠加尾油出锅装盘即可。

（四）风味特色

虾胶爽口，豆角入味。

九、花生油捞时蔬

（一）原料组成
时蔬1000g，蒜10g。

（二）菜肴调料
盐15g，味精15g，花生油50g。

（三）制作技艺
1. 将时蔬择去黄叶，清洗干净，蒜剁成蒜蓉，备用。
2. 起锅烧水，下适量油、盐、味精，猛火烧开。下时蔬飞水至转青绿色马上捞出控干水分，放入适量盐、味精、蒜蓉和花生油捞拌均匀，装盘即可。

（四）风味特色
原汁原味，健康养生。

十、萝卜干肉粒炒饭

（一）原料组成
丝苗米饭650g，新鲜五花肉50g，萝卜干50g，鸡蛋2个，小葱10g。

（二）菜肴调料
盐2g，味精6g，鸡粉3g，胡椒粉5g，生抽3g，老抽2g。

（三）制作技艺
1. 将萝卜干泡水涨发，去除咸味，切成粒，新鲜五花肉切成粒，小葱切成葱花，备用。
2. 起锅烧油，放入五花肉粒和萝卜干粒小火煸炒出油，再放入鸡蛋炒香，加入丝苗米饭翻炒散，放入盐、味精、鸡粉、生抽、胡椒粉调味，老抽调色，用中小火慢慢煸炒至米饭干身，干香，放入葱花快速翻炒出锅装盘即可。

（四）风味特色
萝卜爽脆，饭香四溢。

第三节　源城区名优代表性食材农产品推介

一、埔前胡须鸡

河源埔前胡须鸡是中型肉用品种，体质结实，头大颈粗，胸肌发达，胸角60°以上，形态呈葫芦瓜形，颌下有胡须状髯羽。公鸡单冠直立，冠齿6~7个，喙黄，耳叶红，羽毛金黄有光泽，背部枣红，分有主尾羽和无主尾羽两种，腹部羽色较淡。母鸡单冠直立，冠齿6~8个，喙黄眼大，耳叶红，全身羽毛黄，主翼羽和尾羽有黑色，尾羽不发达。埔前胡须鸡以优良肉质和三黄胡须外貌特征驰名中外，肉质细嫩鲜美，皮脆骨细，适合多种烹饪方式，是我国珍贵的家禽品种资源。

二、深山不出头

深山不出头是一种多年生草本植物，隶属于蛇菰科，根茎呈球形或近球形，表面覆盖褐色鳞片和绒毛，形态别具一格。它专生于深山幽谷的阴湿之地，对生长环境有严格要求。该植物繁殖方式独特，展现出强大的适应能力。在药用方面，深山不出头具有清热解毒、止痛凉血、止血等功效，是传统医学中治疗胃痛、跌打损伤、外伤出血等病症的良药，同时也是一种药食同源的炖汤食材。因其独特的生长条件和丰富的药用价值，深山不出头被视为一种珍贵的植物资源。

三、河源酸笋

河源酸笋是东江流域的特色腌制品，以色泽鲜美、爽口嫩滑、口感醇正著称。制作原料取自竹里馆后的竹林，最佳制作时节为每年八月。制作时将剥净的笋加入山姜、辣椒、姜、胡椒、粗盐等调料，用七夕节盛起的水浸泡15天。酸笋百搭，可与多种食材搭配烹饪，如酸笋炒鸭杂等客家菜。其酸味来源于自然发酵，无须添加醋等酸性物质。酸笋还富含纤维素，能促进肠蠕动，缩短胆固醇、脂肪在体内的停留时间，具有促进消化、缓解便秘的作用，是一种营养丰富的食材。

四、五指毛桃

五指毛桃，又称五指牛奶、土黄参等，是桑科植物裂掌榕的干燥根，广泛分布于粤西山区。它富含有机酸、氨基酸等成分，具有益气补虚、行气解郁等多种功效，常用于治疗脾虚、肺痨咳嗽等症。在岭南地区，五指毛桃常与排骨煲汤，以消暑祛湿、健脾润肺。西医研究发现，其中的补骨脂素具有药理作用，可用于治疗骨质疏松症等疾病。在河源，五指毛桃不仅用于药用，还是当地特色美食五指毛桃鸡的主要原料，深受居民喜爱，也是馈赠亲友的佳品。

五、河源苦瓜干

河源苦瓜干是葫芦科植物苦瓜的干燥成熟果实，呈椭圆形或长圆形，质地略韧，以青边、肉白、片薄、种子少者为佳。它具有清解暑热、清肝明目、清热解毒等多种功效，能治疗多种热病和肝热目赤等症状。药理研究显示，苦瓜干能降血糖、降血脂。在河源，苦瓜干有多种食用方法，如煲汤、焖煮和泡茶等。它是河源当地居民喜爱的美食，也是馈赠亲友的佳品，展现了河源地方特色。

六、河源豆角干

河源豆角干是广东省河源市的特色农产品，由新鲜豆角晾晒而成。制作过程简单，将洗净的豆角在阳光下晾晒至干燥，变得有韧性。豆角干富含蛋白质、维生素和矿物质，脂肪低，膳食纤维高，有助于消化和预防便秘。其食用方法多样，可泡软后炒菜、与肉类炖汤或与大米煮粥，都能增添美味与营养。保存时应放在干燥通风处，避免受潮和虫害。在河源，豆角干不仅是深受喜爱的美食，也是馈赠亲友的佳品。

七、河源笋壳鱼

河源笋壳鱼，学名褐塘鳢，是广东及华南地区的暖水性经济鱼类，体长可达60cm，重5~6kg。其体形粗壮，头宽扁平，眼高位，畏光，常藏于石缝中。笋壳鱼体表颜色随环境变化，以小鱼、小虾为食，适合在25~30℃、pH7.0~8.5的水域养殖。它富含DHA、蛋白质和钙元素，能为人体提供氨基酸、酶类合成原料和补充钙质，特别适合生长发育期人群和骨质疏松患者食用。烹饪时，笋壳鱼可清蒸、煲汤或煮粥，肉质细嫩、味道鲜美，营养价值高，深受喜爱。

八、河源水绿菜

河源水绿菜，又称客家酸菜或水咸菜，是客家特色传统菜肴，以芥菜腌制而成，具有独特酸味和口感。制作过程包括洗净晾干、盐腌发酵，芥菜逐渐变黄并散发浓郁酸味。水绿菜可直接食用，也可炒菜、煮汤或做配料，如搭配猪肚、牛肉等食材，增添独特风味。它还富含维生素C、膳食纤维，有助于消化和增强免疫力。在河源，水绿菜深受当地居民喜爱，也是外地游客品尝河源美食时的重要配菜，如搭配猪脚粉，更是美味无穷。

九、河源米粉

河源米粉是河源市特产，拥有悠久历史，可追溯到秦始皇时期。它采用万绿湖天然净水和优质大米为原料，经传统工艺精制而成，外形美观、清香爽滑、细而不断、久煮不烂，营养健康。河源米粉吃法多样，包括汤粉、炒粉、蒸粉、火锅汤粉等，其中猪脚米粉尤为有名，搭配浓汤或各式肉类配料,美味可口。炒粉需掌握技巧,炒出"锅气"才正宗。河源米粉不仅是东江客家饮食文化的重要组成部分,深受人们喜爱,还承载着河源的历史文化和情感记忆。2003年,国家相关部门批准对"河源米粉"实施原产地域产品保护,其原产地域范围为河源市现辖行政区域。

十、牛大力

牛大力是一种多效中药材,具有补虚润肺、强筋活络、补肾壮阳、提高免疫力等功效。它能缓解肺虚咳嗽、气喘等症状,改善腰肌劳损、风湿性关节炎引起的筋骨疼痛,调理肾虚引起的腰膝酸软、阳痿遗精等问题。此外,牛大力还是药食同源的优质食材,可用于炖汤、蒸鸭、焗鸡等,味道香浓且强身健体。在河源地区,人们还喜欢用牛大力泡制药酒,作为当地著名的土特产,深受人们喜爱。

十一、河源桂山茶

河源桂山茶历史悠久,明朝初期已在惠州府士人中流行,以其绝佳品质闻名。桂山茶生长于河源大桂山区域,这里生态良好,茶树与桂花根系缠绕,形成独特的桂茶香。桂山茶主要有绿茶和红茶两种,其中绿茶深受人们喜爱,经十二道纯手工工序制成,具有醇和清香、口感顺滑、回甘极好的特点。广东崇志实业作为桂山茶非物质文化遗产制作技艺传承单位,在桂山山脉打造了约3000亩的种植基地,并复原了桂山茶种植及制作标准的文化传承。该企业还通过建设研学基地,推广中国茶文化,努力将河源桂山茶产业及文化推向大湾区并融入其中。河源桂山茶不仅是饮品,更是当地文化的重要代表,承载着丰富的历史和传统,不同品种还具有多样的风味和功效,如桂嶂红茶具有抗衰老、美容养颜等功效。

十二、河源鲜芋梗

河源鲜芋梗是河源地区的特色食材,源自芋头的茎秆部分,外表鲜绿粗壮。其烹饪方法多样,可清炒保留清爽口感和鲜味,也可与肉类焖煮,吸收肉香后更加美味。鲜芋梗富含膳食纤维、维生素和矿物质,有助于促进肠道蠕动,帮助消化。但需注意,新鲜芋梗含草酸,烹饪前需焯水处理以减少涩味和草酸含量。河源鲜芋梗既美味又营养,深受当地居民喜爱,是河源美食文化中的一抹亮色。

9 连平县非遗老八盘宴

连平县，地处广东省北部，河源市西北部，东江流域上游，东接和平县，南界东源县、新丰县，西邻翁源县，北与江西省龙南市、全南县接壤，为105国道入粤之首县。该县历史悠久，明崇祯七年（1634年）始设连平州，辖和平、河源两县，清宣统三年（1911年）州改县，1988年1月河源市成立后，连平县隶属于河源市。

2009年10月，连平八盘被列入河源市第三批市级非物质文化遗产名录。连平八盘，由具有连平风味的八道菜肴组成，是一种具有地方特色的消费习俗，也是连平饮食文化的重要组成部分。连平八盘分布于连平县元善镇。其产生和形成有客观和主观两方面的条件，是由连平人所居住的地理环境和生活环境所形成的。一方面，连平县境内大多是在元末明初从中原辗转迁移来的客家人，带来了丰富多彩的中原饮食文化；另一方面，连平地处粤北山区，独特的地理环境孕育了有地方特色的物产，构成了连平饮食文化的基调，连平八盘也是在这种情况下产生形成的。连平八盘是外来饮食文化的融入和本地物产构成的饮食文化的结合而形成的有地方色彩的一种菜肴。由此可见，连平八盘在连平建州就已经形成，即形成于明末清初，已有300多年历史。

关于连平八盘为何只取八道菜，存在两种说法：一是"八"与"发"谐音，"八盘"有发财大盘菜之说；二是以前摆宴席多用传统的八仙桌，一张桌子只坐八个人，八道菜的菜量比较适合八人消费，以后就慢慢把这种形式固定下来，从而，形成了连平八盘的消费习俗。连平元善人待客一般多数是用连平八盘，其主要有薯丝粉、酿豆腐、白切鸡、科鸡蛋、肉丸、红烧猪肉、焖鱼、酸菜炒猪肠或时菜。20世纪80年代后，由于生活水平普遍提高，人们还恢复了"半餐"的习俗，即正式开宴前，要先摆出炸鸡蛋、炒米粉、白切鸡和蒸肉丸待客。改革开放以后，随着连平人民的生活水平和消费水平的不断提高，连平八盘已不适应人们的饮食要求，在保持传统的基础上不断创新，现在宴请宾客，均在原有"八盘"的基础上再加4～6

道菜，诸如酿鸡蛋、咕噜肉、腊味拼盘、炒猪肝、炒肉丁和酿香菇等。从连平八盘的风味特色看，有主料突出、重肥、主咸、偏香的四大风味特色。连平八盘各道菜肴的出席次序，习俗也有讲究，一般第一道菜是"薯丝粉"。"薯丝粉"是连平的土特产，以本地特色菜为排头，一有统领菜名作用；二也有对客人尊重的意思。最后一道菜是酸菜炒猪肠或时菜，则起到消食开胃，减少"腻口"的作用。连平八盘菜品用料以肉类为主，水产品较少，讲求"鲜润、浓香、醇厚"，力求原汁原味，下油重，味偏咸，注重火功，以炖、烤、煲、酿见长。连平八盘是连平先民在穷困艰辛的环境中运用智慧，把传统的中原饮食文化与当地本土的资源环境、土著文化交汇融合，形成了具有厚重历史积淀的饮食文化，体现了博大精深的文化精髓。

连平八盘在饮食民俗中的养生保健意识尤为鲜明。这些菜肴多是有助于人体对能量和蛋白质的吸收。一是连平八盘选料讲求野家养粗种的食物，即没有污染的"绿色"食品；二是烹调的方法多采用煮、煲、蒸和炖等，不破坏食物的营养与纤维；三是极少添加甚至不加过重过浓的佐料，具有很高的营养价值。连平八盘造型古朴，乡土风貌明显，保留客家菜肴的烹饪技艺，有许多奇妙的手工做法，且色、香、味俱全，具有一定的艺术价值。连平八盘均用大盘大碟盛菜，且分量很多，有"发财大盘菜"之说，同时，连平八盘之所以用"八盘"，以"八"谐音"发"取意，其寓意有祈盼吃了连平八盘就能发大财，大富大贵之寓意。连平八盘是连平的传统菜肴，以前大部分元善人都会制作，现在会制作连平八盘的厨师已日趋老龄化。同时，受到新菜系的冲击，连平八盘的食用范围逐渐减少。如今，根据现代人的饮食习惯也创新了新的连平特色名宴，包括连平的花生宴，连平的鹰嘴桃宴，一经推出就得到了市民和游客的一致赞赏。

2009年10月，连平八盘被列入河源市第三批市级非物质文化遗产名录。

第一节 连平县非遗老八盘传统宴

一、薯丝粉

（一）原料组成

连平农家晒制红薯粉300g，鸡杂50g，香菇10g，猪瘦肉30g，姜5g，小葱3g。

（二）菜肴调料

盐2g，味精3g，鸡精2g，鸡粉2g，生抽2g，料酒5g，蚝油2g，胡椒粉2g，花生油10g，猪油10g，生粉10g，清鸡汤150g。

（三）制作技艺

1. 将连平农家晒制红薯粉用凉水浸泡30min至泡透捞起沥干水，备用。

2. 将鸡杂用适量盐和生粉搓洗干净，鸡肾改刀成肾球，鸡肝切成厚片，鸡肠切成8cm的段，猪瘦肉和香菇切成丝，姜切成末，小葱切成葱花，备用。

3. 鸡杂和猪肉丝分开下适量盐、味精、鸡粉、料酒、生粉、胡椒粉腌制，备用。

4. 起锅烧油，用猪油爆香姜末，放入鸡杂和肉丝、香菇丝爆炒，赞入料酒和生抽炒香。加入清鸡汤用大火煮开，放入红薯粉用小火煮至软滑，放入适量盐、味精、鸡精、蚝油调味。起锅装盘撒上葱花即可。

（四）风味特色

鲜滑爽口，味道浓郁。

二、酿豆腐

（一）原料组成

白豆腐12件，前胛猪肉150g，红葱头10g，小葱10g，鸡汤300g。

（二）菜肴调料

盐2g，味精3g，生抽2g，蚝油2g，胡椒粉2g，老抽1g，生粉5g，花生油10g。

（三）制作技艺

1. 将猪前胛肉去皮，加上红葱头，一起剁成颗粒分明的肉馅，小葱切成葱花，备用。

2. 将剁好的肉馅加入适量盐、味精、胡椒粉、生粉搅拌均匀，用手用力摔打上劲，备用。

3. 将白豆腐切"日"字块，中间挖小槽，在槽内撒上点生粉，再将调好味肉馅酿进槽中，备用。

4. 起锅烧油，将豆腐整齐地放在锅里，面上撒上适量盐和味精、胡椒粉，再用中小火将豆腐煎至两面金黄色，放入鸡汤过面，用中小火将豆腐焖熟，用适量生抽、蚝油、胡椒粉、生粉、老抽调一个芡，将汁芡调至色泽金黄浓稠。将豆腐装盘，淋上花生油，撒上葱花即可。

（四）风味特色

鲜嫩滑口，豆香宜人。

三、白切鸡

（一）原料组成
农村家鸡1250g（1只），姜30g，小葱20g。

（二）菜肴调料
盐10g，味精10g，鸡精5g，花生油20g，料酒20g。

（三）制作技艺
1. 将家鸡掏净内脏，拔去幼毛，清洗干净，沥干水，备用。
2. 取适量姜用刀拍成蓉，再放入小葱一起剁成姜葱蓉，放入适量盐、味精、鸡精搅拌均匀，淋上热花生油，制成姜葱蓉蘸料，备用。剩余姜切片，备用。
3. 取小桶加八分满的水，用大火烧开，放入适量盐、味精、鸡精、料酒、姜片、小葱煲5min煲至出味。转小火，用手拿住鸡头，反复3次将鸡放入汤桶中，使鸡内外受热均匀，再将鸡放入汤中，上面压上一个碟子，浸15min至鸡刚熟捞出，马上放入冰水浸泡至皮紧捞出，备用。
4. 将鸡斩件按鸡的原型排整齐，跟姜蓉酱上即可。

（四）风味特色
皮爽肉滑，鸡味鲜美。

四、连平科春

（一）原料组成
农家鸡蛋16只，小葱10g。

（二）菜肴调料
盐5g，味精3g，生抽3g，蚝油2g，花生油1000g（耗油50g）。

（三）制作技艺
1. 将鸡蛋洗净，加水放入蒸柜用猛火蒸15min至熟取出，放入凉水浸泡5min，将鸡蛋壳剥掉清洗干净，小葱切成葱花，备用。
2. 起锅烧油，油温至160℃，放入鸡蛋炸至金黄色，起虎皮状捞起，备用。
3. 起锅烧水，加入适量的水用大火烧开，放入盐、味精、生抽、蚝油调味，将炸好的鸡蛋放入锅中，焖至入味，起锅装盘淋上花生油，撒上葱花即可。

（四）风味特色
皮酥香浓，色泽诱人。

五、科肉丸

（一）原料组成

前胛猪肉300g，香菇50g，红葱头10g，小葱5g。

（二）菜肴调料

盐3g，味精5g，大地鱼粉10g，红薯淀粉15g，花生油1000g（耗油50g）。

（三）制作技艺

1. 将前胛猪肉去皮，加入香菇和红葱头一起剁成颗粒分明的肉馅，小葱切葱花，备用。
2. 将剁好的肉馅加入适量盐、味精、大地鱼粉搅拌均匀。红薯淀粉用适量的水化开，倒入肉馅中用手用力摔打上劲，备用。
3. 起锅烧油，油温至150℃，用手将肉馅搓成大小均匀的肉丸放入油锅浸炸，炸至外表略微黄色捞起，备用。
4. 砂锅放入清汤，放入炸好的肉丸，下适量盐、味精调味。用大火烧开，转中小火煲5min将肉丸煲至入味，淋花生油，撒葱花即可。

（四）风味特色

鲜香美味，口感紧实。

六、红烧猪肉

（一）原料组成

精五花肉800g，干柴鱼10g，干香菇15g，蒜子5g。

（二）菜肴调料

盐3g，味精5g，冰糖10g，生抽15g，老抽3g，客家黄酒30g，花生油1000g（耗油50g）。

（三）制作技艺

1. 将精五花肉用火枪烧掉猪毛，用钢丝球清洗干净，备用。
2. 起锅烧水，放入五花肉，用中小火煮5min，煮至五花肉刚熟捞出，备用。
3. 起锅烧油，煮好的五花肉皮上均匀涂抹生抽，油温160℃将五花肉放入锅中，炸至金黄色捞出，马上放入凉水浸泡，备用。
4. 将炸好的五花肉改刀为3cm大小的正方块，干香菇切片，蒜子去头尾，备用。
5. 起锅烧油，放冰糖熬煮糖色，下猪肉、生抽、老抽、客家黄酒一起煸炒，炒至色泽金黄，加入适量的水、用大火滚起，放入盐、味精调味，加入干柴鱼、干香菇、蒜子，先用中火焖煮10min，转小火焖20min至入味软烂，大火收汁，收至色泽枣红，汁浓稠，整齐装盘即可。

（四）风味特色

酱香味浓，肥而不腻。

七、焖鱼

（一）原料组成
新鲜草鱼1250g，腐竹100g，姜片20g，蒜子10g，青红椒10g，小葱20g。

（二）菜肴调料
盐6g，味精10g，蚝油5g，生抽6g，生粉10g，花生油10g，胡椒粉5g，客家黄酒10g。

（三）制作技艺
1. 将新鲜的草鱼宰杀干净，砍成宽2cm的骨牌件，清洗干净，沥干水，腐竹和小葱切成8cm长的段，青红椒改刀成菱形角，备用。
2. 将草鱼件加入适量盐、味精、蚝油、生抽、客家黄酒、胡椒粉、生粉腌制，备用。
3. 起锅烧油，将鱼件放入锅中，用中小火慢慢地将鱼件煎成两面金黄，备用。
4. 起锅烧油，将姜片和蒜子爆香，赞客家黄酒，加入适量的水用大火烧开，放入煎好的鱼件，加入适量盐、味精、生抽、蚝油、胡椒粉调味，用中小火焖煮5min，焖至软烂入味，再放入腐竹、青红椒角、葱段用生粉勾芡，加包尾油出锅装盘即可。

（四）风味特色
鲜香美味，肉质嫩滑。

八、酸菜炒猪肠

（一）原料组成
新鲜猪大肠二段500g，农家腌制酸菜200g，蒜苗20g，青红椒20g，蒜子5g，姜5g，小米椒10g。

（二）菜肴调料
盐8g，味精10g，生抽5g，蚝油3g，白酒10g，白醋10g，白糖10g，胡椒粉5g，生粉10g，花生油20g。

（三）制作技艺
1. 将猪大肠二段翻过来，剪去多余的油脂，再翻回来用适量生粉和白醋搓洗干净，把猪大肠吊干水，备用。
2. 将吊干水分的猪肠改刀成2cm的段，酸菜和蒜苗洗干净切成8cm的段，青红椒改成菱形角，姜切成片，蒜子和小米椒拍一下，备用。
3. 将改好刀的大肠用适量盐、味精、生抽、蚝油、胡椒粉、生粉腌制，备用。
4. 起锅烧水，将酸菜放入锅中飞水捞出，快速煸炒出香味倒出，备用。
5. 起锅烧油，将锅烧至大热，放入蒜子、姜片、小米辣、猪大肠盖上锅盖用大火焗10s马上翻面，放入酸菜、蒜苗，加入适量白酒、白醋和白糖调味，用大火爆炒出锅装盘即可。

（四）风味特色
爽脆可口，酸辣开胃。

第二节　连平县非遗老八盘传承宴

一、忠信黑蒜汤

（一）原料组成

土猪头刀肉500g，忠信黑蒜100g。

（二）菜肴调料

盐10g，味精15g，鸡粉5g，纯净水1000g。

（三）制作技艺

1. 选用土猪头刀肉，用刀先切成片，再剁成颗粒分明的肉馅，加入适量盐，搅拌均匀，摔打上劲，备用。
2. 将手打好的肉馅放入炖盅，用手搓成肉饼状，加入纯净水，放入盐、味精、鸡粉调味，放入黑蒜封上保鲜膜，放入蒸柜用猛火蒸3h，炖至汤色清澈，取出撇去表面浮油即可。

（四）风味特色

汤清鲜甜，蒜香味浓。

二、上坪科鸭

（一）原料组成

上坪清水鸭1500g，薄荷30g，蒜20g，小米椒10g。

（二）菜肴调料

生抽10g，美极鲜酱油10g，花生油1000g（耗油50g），盐8g，味精10g，料酒5g。

（三）制作技艺

1. 将薄荷、蒜、小米椒剁成蓉，放入适量盐、味精搅拌均匀，再加入适量生抽和美极鲜酱油，放入适量花生油制成蘸料，备用。
2. 将上坪清水鸭掏去内脏，拔去幼毛，清洗干净，吊干水，备用。
3. 将吊干水分的鸭子用适量盐、味精、料酒涂抹全身，腌制10min，备用。
4. 将腌制好的鸭子放入蒸柜，用中大火蒸20min取出，把鸭子翻面再蒸10min至刚熟取出，备用。
5. 将取出的鸭子用适量生抽和美极鲜酱油涂抹全身上色，备用。
6. 起锅烧油，油温至150℃放入鸭子用中火炸至金黄色捞起，备用。
7. 将炸好的鸭子砍成件，摆回原型，跟上粉尘蘸料即可。

（四）风味特色

鸭香四溢，肉质紧实。

三、田源蒸黄骨鱼

（一）原料组成

黄骨鱼750g，河虾50g，荷叶50g，西蓝花50g，老姜10g，小葱10g。

（二）菜肴调料

盐6g，味精8g，鸡粉5g，胡椒粉3g，料酒5g，生粉6g，花生油100g。

（三）制作技艺

1. 将黄骨鱼宰杀干净，用刀砍成3cm的厚件，用水冲干净，沥干水，小葱改刀成葱花，老姜拍碎备用。
2. 将黄骨鱼放入盐、味精、鸡粉、胡椒粉、料酒、姜碎、生粉捞拌均匀，封上面油备用。
3. 将腌制好的黄骨鱼平铺在荷叶上，中间撒上河虾，放入蒸柜用猛火蒸6min至熟，围上飞好水放西蓝花即可。

（四）风味特色

口感细嫩，味道鲜美。

四、五指毛桃盐蒸鸡

（一）原料组成
果园走地鸡1250g（1只），五指毛桃50g。

（二）菜肴调料
盐15g，花生油50g。

（三）制作技艺

1. 将果园走地鸡掏净内脏，拔去幼毛，清洗干净，吊干水，五指毛桃用水泡20min后，用刀砍成小段，备用。
2. 将吊干水的鸡用适量盐和花生油涂抹均匀，腌制入味，备用。
3. 将五指毛桃塞进鸡肚子，放入蒸柜用中大火蒸15min取出，翻面再蒸10min至刚熟取出备用。
4. 将鸡砍成件，并按原型摆好，淋上鸡汁即可。

（四）风味特色
肉质紧实，香味浓郁。

五、忠信瓦缸猪手

（一）原料组成
新鲜猪前脚800g，红枣20g，花生50g。

（二）菜肴调料
花生油1000g（耗油50g），生抽20g，老抽5g，冰糖10g，盐6g，料酒10g，麦芽糖20g。

（三）制作技艺

1. 将新鲜的猪前脚用火烧掉猪毛，用钢丝球擦洗干净。用砍刀在猪手中间砍开。砍成3cm宽的件，备用。
2. 起锅烧水，下入麦芽糖，放入猪脚飞水至透，备用。
3. 起锅烧油，油温升至160℃放入猪脚炸至金黄色捞起，马上放入冷水泡1h，备用。
4. 起锅热油放冰糖炒糖色，放入炸猪脚、下生抽和料酒煸炒起色，加入热水过面用大火滚起放入红枣、花生，下盐调味，下老抽调色，转小火焖20min至入味，即将脱骨时，用中大火收汁收至汤汁浓稠装盘即可。

（四）风味特色
色泽红润，表皮脆爽。

六、大湖酒娘煮双腰

（一）原料组成

猪腰200g，鸡腰200g，鸡蛋4个，红枣10g，姜5g。

（二）菜肴调料

客家酒酿200g，盐8g，花生油5g，料酒6g，胡椒粉10g。

（三）制作技艺

1. 将猪腰洗干净，用手撕掉猪腰的外膜，用刀从中间片开，把猪腰中间的腰骚片掉，用麦穗刀法将猪腰改刀成宽3cm的件，放入清水冲掉猪腰的血水。鸡腰洗净，冲干净血污，将姜切成姜片，备用。
2. 起锅烧油，用小火将鸡蛋煎成荷包蛋，备用。
3. 将猪腰和鸡腰分开用盐、胡椒粉、料酒腌制入味，备用。
4. 起锅烧水，将猪腰和鸡腰飞一下水立即倒出，备用。
5. 起锅烧油，爆香姜片，放客家酒酿、开水、煎鸡蛋、红枣一起大火滚3min滚至汤浓，再放入猪腰和鸡腰用小火浸2min至刚熟，调味装盘即可。

（四）风味特色

爽滑鲜甜，滋补壮腰。

七、三角糖醋莲藕饼

（一）原料组成

三角莲藕200g，精五花肉150g。

（二）菜肴调料

糖醋100g，花生油10g，生粉10g，盐3g，味精3g，胡椒粉5g，料酒3g。

（三）制作技艺

1. 将莲藕洗净污泥，用削皮刀去掉外皮，切成硬币厚的片，取出30g的藕片切成小粒，精五花肉剁成颗粒分明的肉馅，备用。
2. 将肉馅和莲藕粒均匀地搅拌，放入盐、味精、胡椒粉、料酒、生粉，用手捞拌均匀，用力地摔打上劲，备用。
3. 将莲藕片均匀地抹上干生粉，在莲藕两片中间酿上肉馅夹在一起，在外面裹上一层干生粉，备用。
4. 起锅烧油，油温至150℃，放入莲藕饼，用中火2min把莲藕饼浸熟，转大火将莲藕饼炸至色泽金黄，外皮酥脆时捞起，整齐地装盘，备用。
5. 起锅烧油，放入糖醋用小火煮开煮至糖醋浓稠，把糖醋汁均匀地淋在莲藕饼上即可。

（四）风味特色

外酥里嫩，酸甜可口。

八、南方粽香肉

（一）原料组成

精五花肉200g，去皮绿豆100g，燕麦50g，粽叶12片。

（二）菜肴调料

生抽5g，盐2g，鸡粉3g，味精3g，南乳汁2g，五香粉2g，料酒5g。

（三）制作技艺

1. 将去皮绿豆和燕麦分开提前泡水30min，加适量的水放入蒸柜用猛火蒸15min至熟，备用。
2. 将五花肉去皮，切成宽5cm、长20cm的厚片，下适量南乳汁、五香粉、料酒、鸡粉、味精、生抽腌制，备用。
3. 将蒸熟的去皮绿豆和燕麦，加入适量盐、味精、鸡粉、五香粉，捞拌均匀，备用。
4. 将新鲜的粽叶两片交叉放在一起，放上五花肉片，里面放上调好的去壳绿豆和燕麦，用粽叶用力卷成圆柱形，用草绳捆扎紧实，备用。
5. 将包好的粽香肉放入蒸柜用猛火蒸10min，蒸至软糯取出整齐的装盘即可。

（四）风味特色

粽香软糯，风味独特。

九、绣缎酿豆腐

（一）原料组成

绣缎白豆腐6块，精五花肉100g，干香菇50g，柴鱼皮20g，清汤150g，葱花10g。

（二）菜肴调料

盐2g，味精3g，鸡粉2g，生抽2g，胡椒粉2g，花生油10g，生粉2g。

（三）制作技艺

1. 将精五花肉去皮和干香菇剁成颗粒分明的肉馅，备用。
2. 将剁好的肉馅放入盐、味精、鸡粉、胡椒粉、生粉、生抽搅拌均匀，用手摔打上劲，备用。
3. 将白豆腐用刀中间切开，酿入肉馅，备用。
4. 起锅烧油，将酿好的豆腐放入锅中用小火煎至豆腐两面金黄，备用。
5. 砂锅底下放入柴鱼皮垫底，把煎好的豆腐整齐地摆好，放入清汤调味，用小火慢煨6min至入味，撒上葱花即可。

（四）风味特色

豆香四溢，嫩滑鲜甜。

十、农家炒陂头手工米粉

（一）原料组成
陂头米粉300g，韭菜50g，绿豆芽50g，鸡蛋2个，小葱10g。

（二）菜肴调料
盐1g，生抽2g，蚝油2g，老抽2g，味精2g，鸡粉2g，胡椒粉3g，花生油15g。

（三）制作技艺
1. 将陂头手工米粉放入凉水浸10min至透，捞起用篮子沥干水，备用。
2. 将韭菜洗净切成8cm长的段，小葱切成葱花，备用。
3. 起锅烧油，放入鸡蛋炒香，再放入绿豆芽煸炒，放入米粉用中火炒至微焦，放入盐、生抽、蚝油、味精、鸡粉、胡椒粉调味，老抽调色，快速翻炒均匀，炒至米粉焦黄，放入韭菜和葱花翻炒出锅装盘即可。

（四）风味特色
米香浓郁，农家风味。

十一、鹰嘴蜜桃包

（一）原料组成
低筋面粉250g，泡打粉3g，酵母2g，菠菜汁115g，猪油7g。

（二）菜肴调料
白砂糖35g。

（三）制作技艺
1. 将低筋面粉、泡打粉过筛，白砂糖、酵母、猪油用菠菜汁化开，加入低筋面粉，揉成光滑成团，静置醒发10min，备用。
2. 面团摘剂，包入馅料，用虎口捏出鹰嘴蜜桃包的头，再用刮板压出纹路，密封发酵15min，备用。
3. 蒸锅加水烧开，放入发酵好的鹰嘴蜜桃包大火足汽蒸制8min即可。

（四）风味特色
小巧玲珑，松软香甜。

十二、连平桃胶糖水

（一）原料组成
干桃胶100g，红枣30g，干银耳100g。

（二）菜肴调料
冰糖50g。

（三）制作技艺
1. 将干桃胶和银耳用纯净水提前一天泡发好，挑去桃胶和银耳的杂质，冲洗干净，备用。
2. 用砂锅烧一锅水，放入冰糖、红枣煮开，放入桃胶、银耳煮至略带黏稠即可。

（四）风味特色
晶莹剔透，爽滑可口。

第三节 连平县名优代表性食材农产品推介

一、连平火蒜

连平火蒜，也称"河源火蒜"，源自广东省河源市连平县忠信地区，为当地重要出口特产，拥有50余年种植历史，享誉国内外，远销西欧及东南亚。其特色显著：色泽金黄油亮，体大饱满多汁；品质上乘，口感鲜美；保存期长，可达8～9个月；烟香独特，蒜味浓郁，炒菜时用量少而味不减；水分低，利于保存运输；且富含营养，腌制后具有通血管等保健功效。加工过程简单，通过两层房中间隔席，上层置鲜蒜，下层以稻草、树叶混稻壳点燃熏制，经多次熏烤、放风、翻拌，15天后变为金黄色。在连平，忠信火蒜不仅是当地人钟爱的美食，也是赠送亲友的上佳选择。

二、连平薯丝

连平薯丝是广东省河源市连平县的特色美食，以当地优质红薯为主要原料，经过烦琐的制作过程精心制作而成。先将红薯洗净去皮，磨浆过滤沉淀提取淀粉，加水搅拌成糊后摊在竹筛上蒸熟，再切成细条晾晒或烘干。连平薯丝特点鲜明：原料新鲜优质，制作工艺独特且复杂，色泽淡白或淡黄，晶莹剔透；口感爽滑有弹性，不粘牙，带有红薯的天然清甜味道；营养丰富,富含膳食纤维、维生素和矿物质,对身体健康有益;易于储存,干燥后保存时间长。烹饪方式多样,可煮、炒、炖,满足不同口味需求。在连平,薯丝不仅是当地人喜爱的传统美食,也是馈赠亲友的佳品,兼具美味与保健价值。

三、忠信花生

忠信花生是广东省河源市连平县的知名特产,以其独特风味和丰富口感而著称。采用传统工艺制作,如咸韧花生,干脆带韧性,越嚼越香,保留原味。花生经过精选、清洗,果实饱满,色泽自然。忠信花生制作精细,用上等花生晒干清洗后,加精盐和冰糖煮熟,再用炭火烘炒,味道醇厚;种类多样,包括咸酥、咸干等,还有原味、红泥、蒜蓉、脆香味等多种口味;营养丰富,含蛋白质、脂肪、维生素A、维生素B_6、维生素E、维生素K及矿物质(钙、磷、铁)等,提供多种氨基酸,有"长生果""植物肉"之称,锌元素促进大脑发育,钙促进骨骼发育,维生素C、维生素E滋润皮肤,降低胆固醇,白藜芦醇预防肿瘤和心脑血管疾病。中医认为其能健脾养胃、补气润燥。忠信花生不仅是连平县的传统美食,也是备受推崇的土特产。

四、陂头米粉

陂头米粉是广东省河源市连平县陂头镇夏田村的特色美食,以当地精选优质大米为原料,历经十一道传统工序精心制作而成,包括选料、浸米、磨浆、蒸、晒、压、切、择、团等多个环节,保留了传统工艺。米粉质地柔软细腻,入口爽滑有弹性,韧性好,易于消化吸收。无论是炒、煮还是凉拌,都能展现独特风味。陂头米粉不仅深受当地人喜爱,更因其独特品质和风味,赢得了众多游客的青睐。作为地方特色美食,陂头米粉已成为连平县的一张美食名片。

五、连平黑蒜

连平黑蒜是河源市连平县的特色农产品,以新鲜生蒜为原料,经过90~120天自然发酵而成,口感软糯甜,无异味,营养丰富,含高微量元素和氨基酸,附加值高。连平县忠信镇柘陂村大蒜种植历史悠久,但常面临丰产不丰收的问题。为振兴产业,企业统一收储、加工、包装、品牌推广和销售,通过将黑蒜加工成饮品等方式提升附加值,黑蒜产业已成为当地特色产业,带动100多户农户扩大种植,提供分红和就业机会,让黑蒜成为"致富果"。连平黑蒜不断优化生产流程,提升质量,获得了粤港澳大湾区消费者的认可,部分企业采用"公司+基地+合作社+农户+高校"模式,邀请专家指导,打造品牌,通过商超和网络商城推广,拓宽销售市场。在连平,黑蒜不仅是美食,也是馈赠亲友的佳品。

六、连平鹰嘴蜜桃

连平鹰嘴蜜桃是广东省河源市连平县的特产,是国家地理标志产品。其果形近椭圆形,果顶似鹰嘴,色泽鲜亮,果肉白色近核带红,肉质爽脆味甜。单果重≥100g,品质优良,富含铁、钾等元素，适合缺铁性贫血和水肿病人食用，桃仁还有药用价值。连平县地处粤北九连山区，地形复杂，气候温和，四季分明，土壤酸性，适合蜜桃生长。连平种桃历史可追溯到明朝，400余年来，当地农村几乎家家户户种桃树，20世纪80年代初开始品种改良，20世纪90年代经专家培育后品质进一步提升。在连平，鹰嘴蜜桃不仅是当地人喜爱的美食，也是馈赠亲友的佳品。

七、连平三华李

连平三华李，源自河源市连平县元善镇警雄村内莞径，种植历史超200年。果实圆形，果粉厚，色泽艳丽，个大肉厚，清甜爽脆，酸甜适中，富含蛋白质、维生素C等营养成分，既可鲜食，也可加工成果脯、罐头等。得益于九连山山脉的优良环境，连平三华李以其优良品质享有"岭南夏令果王"之美誉，被评为全国名特优新农产品。目前，内莞径三华李种植面积已达3000多亩，供不应求，已成为当地特色产业。2024年夏季起，元善镇将其正式定名为"连平蜜李"，并推出新包装。每年5月至6月，游客可前往连平果园采摘，体验美味。此外，连平县上坪、内莞及紫金县龙窝、南岭等地也是采摘好去处。

八、连平县樱桃谷白鸭

连平县以樱桃谷白鸭为名的优质家禽养殖近年来发展迅速。樱桃谷白鸭瘦肉率高，表皮黄亮，受到市场欢迎。当地采用"公司+基地+农户"的产业化经营模式，结合"水禽旱养"新技术，实现了低成本、高效益、卫生环保的养殖方式，成活率高达97%以上。连平县大湖老区（包括三角、大湖、绣缎三镇）已涌现众多专业养鸭户，且数量持续增长。随着河源肉鸭养殖规模的扩大和物流业的快速发展，樱桃谷白鸭已成功进入珠三角等地区的餐饮市场，成为连平县的一张名片。

九、连平茶叶

连平县拥有多个知名茶叶品种和产地，如陂头镇的岩仔茶叶，其历史悠久，以甘甜醇香的岩仔野茶闻名，岩仔茶叶农业合作社凭借当地自然资源优势，打造出优质岩仔茶系列，其中岩仔绿茶在比赛中获奖并获得有机产品认证。上坪镇三洞地区也是优质茶叶产地，所产绿茶以"六绝"著称，成为绿茶精品。此外，隆街镇象湖茶园、元善镇大埠村圳肚倒流水茶山以及九连山腹地的可信种植专业合作社等地也是重要的茶叶产区，茶叶品质优良。连平县茶叶种植面积近3万亩，产量高达600余吨，产值近2.7亿元，涉及茶农众多，带动就业超30万人次。近年来，通过技能培训和评比活动，当地茶叶品质和品牌影响力不断提升。

10 东源县非遗全鱼宴

万绿湖风景区位于广东省河源市东源县境内,是国家4A级旅游景区,因处处是绿、四季皆绿而得名。其前身是20世纪50年代修建的新丰江水库,是华南地区最大的人工湖,也是广东、香港的重要饮用水源地。万绿湖风景区总面积约1600平方千米,其中水域面积370平方千米,有360多个岛屿。万绿湖所在的东源县属亚热带季风区,气候温和,雨量充沛。万绿湖风景区的主要景点有万绿湖、水月湾、龙凤岛、镜花缘、客家风情馆、万绿谷,另有万绿湖国家湿地公园、新丰江国家森林公园。

相传清朝乾隆年间,有一位河源市连平县进京赶考的穷书生,中午路经新丰江(万绿湖未筑水库前的名称)南湖区域附近时,因所带干粮已吃完,且前不着村后不着店,正饥饿难忍。刚好见江中有一渔夫撑着竹排顺流而下,书生马上招手请渔翁靠岸。渔夫见是一赶考书生,长得气度不凡,便说:"我船上也没有可吃的东西,只有刚打上来的鱼,若不介意,可做来一起吃。"书生连声道谢,只见渔夫从鱼笼中抓起一条草鱼杀好,简单地用盐擦拭一下,放到已被柴火烧热的砂锅里煎煮成鱼汤。书生连吃三碗,问这道菜叫什么名字,渔夫哈哈一笑说:"水煮鱼"。渔夫也没有要书生的饭钱,书生再三道谢,称日后若有机会一定答谢。多年后,书生已成朝廷大官,返乡时再经过南湖村,经多方打听寻找到当年的渔夫,继而送上大礼答谢,并请渔夫再做一顿让他终生难忘的鱼汤给他吃。过后,人们才知道此人便是当朝大名鼎鼎的直隶总督的颜检大人,官至从一品。从此,人们将此道湖鲜菜称为"一品鲜"。颜检仙逝后,安眠在风景秀丽的新丰江畔。颜检墓为明清以来岭南最大古墓,现为河源市级重点文物保护单位。

随着时间的推移,万绿湖的鱼鲜美食逐渐发展丰富,形成了如今的万绿湖全鱼宴。全鱼宴充分利用鱼身上的各个部位,采用多种手法炮制各类菜肴,成为当地的一道特色美食。而"一品鲜"的故事,也为万绿湖全鱼宴增添了一份历史文化的韵味。

万绿湖的前身是新丰江水库,具有防洪、灌溉、养殖、发电等多种作用。随着珠三角经济的发展和交通的改善,河源旅游业逐渐兴起。为了体现旅游特色,新丰江水库取"万山成一绿,万绿成一湖"的寓意,被命名为万绿湖。在万绿湖旅游开发的早期,湖上曾有"鱼排"式的食肆。这些餐厅由多条船和舢板架起来,漂浮在湖岸边,食客需踩着浮台进入餐厅。当时,游客可以品尝到新鲜捞起、现场制作的湖鲜,这种独特的用餐体验给人们留下了深刻的印象。后来,出于对万绿湖环境的保护,湖上的鱼排餐厅被移到了岸边上经营。经过不断发展和创新,逐渐形成了如今的万绿湖全鱼宴。全鱼宴充分利用大头鱼身上的各个器官部位,采用多种手法炮制各类菜肴,其菜品丰富多样,包括生焗鱼肉、鱼丸汤、鱼肠蒸水蛋、清蒸鱼腩等,还会搭配各式万绿湖产的小美味,如小湖鱼、湖虾等。

如今,万绿湖全鱼宴已成为当地的一道特色美食,吸引着众多游客前来品尝,也成了万绿湖旅游的一个重要组成部分。它不仅展现了万绿湖丰富的水产资源,也体现了当地独特的饮食文化。不同的餐厅和厨师可能会根据自己的经验和创意,对全鱼宴的菜品和做法进行调整和改进,使其更加丰富多样。如果你有机会品尝万绿湖全鱼宴,可以亲自感受其中的美味和独特魅力。

第一节　东源县非遗全鱼传统宴

全鱼传统宴制作

（一）原料组成

万绿湖大头鱼6kg（1条），广东菜心500g，小葱50g。

（二）菜肴调料

盐10g，白胡椒粉5g，花生油50g，剁椒250g，生抽50g。

（三）制作技艺

1 将万绿湖大头鱼宰杀，去内脏和鱼鳞，清洗干净，备用，广东菜心飞水，凉凉备用。小葱切葱丝，备用。

2 将改好刀的万绿湖大头鱼，放在簸箕上，鱼头部分放入盐、剁椒，放入蒸柜用猛火蒸10min至熟。

3 把葱丝、白胡椒粉撒在蒸熟的鱼身上，摆上菜心围边，淋上热油和生抽即可。

（四）风味特色

味道清甜，肉香四溢。

第二节　东源县非遗全鱼传承宴

一、万绿湖手工鱼丸汤

（一）原料组成

大头鱼鱼肉800g，鸡蛋3个，白萝卜50g，小葱20g，香菜20g，姜10g。

（二）菜肴调料

盐8g，鸡粉10g，味精10g，胡椒粉6g，料酒5g，生粉10g，花生油50g。

（三）制作技艺

1. 将大头鱼鱼肉用刀角刮成鱼蓉，把鱼蓉放在木砧板上剁碎，把多余的鱼骨剁好放到木砧板上，备用。
2. 将剁好的鱼蓉先放一点盐往一个方向搅拌上劲。再放入鸡粉、味精、胡椒粉、生粉和一个鸡蛋清往一个方向搅拌上劲。使劲摔打上劲，备用。
3. 将鸡蛋煎成荷包蛋，白萝卜切成丝，小葱切成葱花，香菜切成细段，备用。
4. 起锅烧油，将姜、鱼骨、鱼肉碎用中小火煎至金黄色赞料酒，放入开水大火滚开10min，将汤滚至奶白色用密篱将汤隔渣，备用。
5. 起锅放入鱼汤调味，放入煎好的荷包蛋和白萝卜丝滚3min至白萝卜丝和荷包蛋出味，转小火将挤好的鱼丸浸熟出锅，跟葱花和香菜细段上即可。

（四）风味特色

汤浓味美，鱼丸爽口。

二、剁椒万绿湖鱼头

（一）原料组成

万绿湖大头鱼头1500g，小葱50g。

（二）菜肴调料

红剁椒200g，味精15g，生抽10g，胡椒粉3g，花生油50g。

（三）制作技艺

1. 将万绿湖大头鱼头去鳃，去鳞，从中间砍开不要砍断，小葱切葱花，备用。
2. 将万绿湖大头鱼头摆回原型，面上铺上红剁椒和味精、胡椒粉，放入蒸柜蒸10min至熟，淋上生抽和热油，撒上葱花即可。

（四）风味特色

鲜香微辣，肉质滑嫩。

三、泰式鱼松

（一）原料组成

大头鱼鱼尾肉600g，鸡蛋50g，姜5g，小葱5g。

（二）菜肴调料

盐3g，胡椒粉2g，味精5g，泰式甜辣酱100g，白糖20g，白醋20g，生粉100g，料酒5g，花生油1000g（耗油50g）。

（三）制作技艺

1. 将鱼尾肉洗净，切成均匀的松鼠鱼花刀，用水冲洗干净，备用。
2. 将鱼尾肉沥干水，下盐、味精、胡椒粉、姜、小葱、料酒腌制，备用。
3. 将腌制好的鱼尾肉下一个鸡蛋黄捞拌均匀，下生粉裹均匀，备用。
4. 起锅烧油，油温至150℃，下入鱼尾肉浸炸3min至鱼肉酥脆，颜色金黄，转大火将鱼尾肉复炸至酥脆捞起装盘。
5. 起锅放入泰式甜辣酱、白醋和白糖煮开调味、调色，用生粉水勾芡，淋在鱼面上即可。

（四）风味特色

甜酸开胃，口感酥脆。

四、清蒸鱼腩

（一）原料组成

万绿湖大头鱼腩600g，姜10g，小葱10g。

（二）菜肴调料

盐3g，味精5g，鸡粉3g，生抽5g，生粉2g，胡椒粉3g，花生油10g。

（三）制作技艺

1. 万绿湖大头鱼腩清洗干净，改刀成2cm的连块件，小葱切成葱丝，备用。
2. 将鱼腩沥干水，下盐、味精、鸡粉、胡椒粉、生粉、花生油、姜腌制，备用。
3. 将腌制好的鱼腩平铺在盘子上，放入蒸柜用猛火蒸6min至熟取出，面上放入葱丝，撒上胡椒粉和生抽再淋上花生油即可。

（四）风味特色

肉质嫩滑，味道鲜甜。

五、白灼鱼皮

（一）原料组成

万绿湖大头鱼鱼皮300g，姜10g，小葱10g，红尖椒10g，秋葵200g。

（二）菜肴调料

盐3g，味精3g，胡椒粉2g，生抽5g，芥末5g，花生油10g，生粉2g。

（三）制作技艺

1. 将鱼皮片去鱼红，改刀成3cm的件，洗净沥干水，秋葵斜刀去头尾，姜葱和红尖椒切成丝，备用。
2. 将改好的鱼皮下盐、味精、胡椒粉、生粉、花生油腌制，备用。
3. 起锅烧水，下底味和油，用猛火将秋葵白灼2min后，捞出装盘垫底。再将腌制好的鱼皮和三丝放入热水白灼1min快速倒出，沥干水后放在秋葵面上，跟芥末生抽即可。

（四）风味特色

鱼皮爽口，清甜嫩滑。

六、生焗鱼尾

（一）原料组成

万绿湖鱼尾650g，姜20g，蒜子20g，红葱头10g，香菜5g，小葱3g，红尖椒3g。

（二）菜肴调料

盐3g，味精5g，胡椒粉2g，紫金酱10g，白酒10g，生抽5g，老抽3g，蚝油3g，生粉5g，花生油20g。

（三）制作技艺

1. 将万绿湖鱼尾清洗干净，原条改成2cm的连刀件，姜改刀成姜角，蒜子和红葱头去头尾，小葱和香菜改刀成5cm的段，红尖椒切成椒圈，备用。
2. 将改好刀的鱼尾用吸水纸吸干水，下盐、味精，先捞拌腌制底味，再下紫金酱、生抽、蚝油、胡椒粉、白酒捞拌均匀，再下老抽调色，用生粉锁住水分，放入花生油封面腌制，备用。
3. 将砂锅烧热，下花生油用中火将姜角爆至微黄再下蒜子爆至微黄，再下红葱头爆香。把腌制好的鱼尾放入砂锅加盖用中小火焗4min，转大火焗2min至熟，放入香菜、葱段、红椒圈加盖，淋上白酒即可。

（四）风味特色

酱香浓郁，肉质滑嫩。

七、椒盐鱼骨

（一）原料组成
万绿湖大头鱼鱼骨400g，鸡蛋1个，青红椒2g，蒜子2g，红葱头1g，姜1g。

（二）菜肴调料
味椒盐10g，味精5g，白酒3g，胡椒粉3g，生粉10g，花生油1000g（耗油50g）。

（三）制作技艺
1. 将鱼骨砍成3cm的件，洗净沥干水，将青红椒、蒜子、红葱头、姜改刀成粒，备用。
2. 将鱼骨下味椒盐、味精、胡椒粉、白酒腌制，再下蛋黄和生粉捞拌均匀，备用。
3. 起锅烧油，油温至150℃下入鱼骨用中火浸炸3分钟至色泽金黄。再用中大火复炸至酥脆捞起，备用。
4. 起锅烧油，用小火爆香料头，放入鱼骨煸炒，撒上椒盐翻炒均匀出锅装盘即可。

（四）风味特色
酥脆咸香，下酒佳肴。

八、鱼宝蒸水蛋

（一）原料组成
万绿湖大头鱼鱼泡20g，万绿湖大头鱼鱼肠20g，姜2g，小葱3g，鸡蛋5个。

（二）菜肴调料
盐3g，味精5g，白酒5g，胡椒粉5g，鸡粉3g，花生油10g。

（三）制作技艺
1. 将鱼肠去掉多余的油脂和杂质，清洗干净，改刀成10cm的段，鱼泡清洗干净，用刀切破，小葱分别切成6cm的段和葱花，姜改刀成片，备用。
2. 将鱼肠和鱼泡下适量盐、味精、鸡粉、白酒、胡椒粉腌制，备用。
3. 起锅烧油，爆香姜葱，下鱼肠和鱼泡用中小火煎至金黄色，备用。
4. 将5个鸡蛋打均匀，加入适量盐、味精、鸡粉、胡椒粉，加入跟鸡蛋同比例的水打均匀，放入煎好的鱼肠和鱼泡装入盘子，备用。
5. 把调好的鱼宝水蛋放入蒸柜，用中慢火蒸4min至刚熟取出，面上撒上葱花加入花生油即可。

（四）风味特色
蛋香滑嫩，鱼香四溢。

第三节　东源县名优代表性食材农产品推介

一、万绿湖湖鲜

万绿湖拥有丰富的淡水鱼类资源，包括"四大家鱼"及桂花鱼、白七鱼、翘嘴鲌、蓝刀鱼、鲫鱼等自然繁殖和"人放天养"的品种，这些鱼肉质细嫩、口感鲜美、营养丰富。其中，桂花鱼刺少肉美，草鱼个体大、肉质细嫩，适合制作美食；鳙鱼个大体肥，头部饱满，是万绿湖全鱼宴的重要食材。东源县在开渔活动中设有"头鱼拍卖"环节，2024年，一条29.4kg的头鱼被拍出高价。当地通过禁渔期治理、人工增殖放流等措施，使鱼类种群数量增加，渔业资源提升。同时，东源县注重保护生态环境，推行"人放天养"模式，确保万绿湖水质常年保持在Ⅰ类标准。

二、东源板栗

东源板栗是东源县的特色农产品，外观饱满均匀，色泽光亮，呈现棕褐色或红褐色。其肉质细腻，口感香甜软糯，营养丰富，富含蛋白质、脂肪、多种维生素及矿物质。东源县气候温和、雨量充沛、土壤肥沃，为板栗生长提供了优越条件。当地果农采用传统与现代相结合的种植技术，确保板栗品质与产量。东源板栗不仅在当地受欢迎，还畅销省内外，既可作休闲零食，也可用于烹饪美食，如板栗烧鸡、板栗烧肉等。随着知名度提升，东源板栗产业不断发展壮大，为农民增收和经济发展作出重要贡献。

三、东源太空眉豆

东源太空眉豆是东源县的特色农产品，经太空育种培育，具有高产、优质、适应性强和营养丰富等特点。相比普通眉豆，其结荚更多，豆荚饱满肉厚，豆粒大而鲜嫩。太空眉豆富含蛋白质、多种维生素和矿物质，既可鲜食也可制成干品。在烹饪上，太空眉豆做法多样，深受居民和游客喜爱。东源太空眉豆的发展不仅丰富了当地农产品种类，也为农民增收和农业产业发展起到了积极推动作用，成为当地农业的一大亮点。

四、东源太空水稻

东源太空水稻是在河源市东源县种植的，由国家航天育种中心培育，如柳城镇下坝村万绿智慧无人农场种植的"华航51号"。这种水稻具有抗倒伏、抗病性强、品质优良、产量高等特点。2022年3月，河源首次使用无人驾驶直播机在下坝村播种太空水稻，实现了精准播种并省略了育秧、运秧、插秧环节。预计每亩产量达500kg以上，2023年农场2000多亩太空水稻平均亩产近600kg。农场全程机械化作业，结合无人农场、智能农机等技术，提高了生产效率和智能化水平。太空水稻是利用航天技术培育的，具有优良性状，未来有望在更多地区推广种植，为解决粮食问题作出贡献。这些品种在自然灾害情况下也表现出较好的稳定性，为保障粮食产量和质量提供了示范。

五、东源太空花生

东源太空花生源自河源市东源县涧头镇大往村的"火豆"品种，2021年8月被选中搭载神舟十三号载人飞船进入太空进行诱变培育，并于次年4月返回河源，这是广东省首次在当地选种并培育的航天育种活动。河源研究院计划对第一代进行生物学效应鉴定，第二代进行大规模优良性状和基因鉴定。太空诱变可能带来新性状，需多代筛选培育，最终由品种审定委员会审定。"火豆"花生品质优良，果壳薄，出仁率和出油率高，抗病虫害能力强，但产量较低。科研人员希望通过航天育种，培育出高产高质的花生新品种。

六、东源上莞仙湖茶

东源仙湖茶是广东省河源市东源县的特产，产自上莞镇仙湖山脉。该地山高雾浓，土壤肥沃，为茶叶生长提供了得天独厚的自然条件。仙湖茶外形条索紧结，色泽翠绿；香气清高持久，带有独特花香和果香；汤色黄绿明亮；口感醇厚鲜爽，回甘悠长。这些特点使得东源仙湖茶成为当地茶叶的佼佼者，备受茶叶爱好者的青睐。

七、东源义合鸭

东源义合鸭是东源县义合镇的特色美食，以当地土生土长的优质鸭子为原料，肉质紧实鲜嫩。制作完成的义合鸭外观色泽诱人，皮脆肉嫩，香味四溢，其独特风味得益于当地的烹饪手法和特制调料。义合鸭不仅是当地居民餐桌上的佳肴，也吸引了众多游客前来品尝，成为东源县义合镇美食文化的一张名片。此外，东源义合酸笋也是该镇的另一道特色美食。

八、东源义合酸笋

东源义合酸笋选用当地新鲜的竹笋为原料，经过精心腌制而成。其特点是色泽淡黄，酸味浓郁，口感爽脆。酸笋中的酸味来自乳酸发酵，不仅增加了独特的风味，还具有一定的促进消化的作用。在烹饪中，东源义合酸笋用途广泛，可以搭配肉类、鱼类等食材制作出各种美味佳肴，如酸笋炒肉、酸笋鱼等，为菜肴增添了浓郁的酸味和鲜美的口感。东源义合酸笋既可以作为餐桌上的开胃小菜，也可以成为特色菜品的重要配料，深受当地居民和游客的喜爱。

九、东源蓝莓

东源蓝莓是广东省河源市东源县的特色水果，得益于当地温和气候、充足光照和肥沃适宜的土壤。东源蓝莓果实饱满，色泽深蓝或紫黑，口感酸甜适中，果肉细腻多汁，果香浓郁。其富含多种维生素、矿物质及抗氧化物质如花青素，对保护眼睛、增强免疫力、延缓衰老有益。东源蓝莓可直接食用，也用于制作果酱、果汁、果酒等产品，深受消费者喜爱。随着种植技术提升和市场需求增长，东源蓝莓的种植规模和产业发展正逐步扩大。

十、东源客家黄酒

东源客家黄酒是东源地区的特色传统佳酿，以糯米为主要原料，经独特酿造工艺精心酿制而成。其酒色琥珀、清澈透明，香气浓郁，醇厚甘甜，风味独特，源于当地优质水源、独特酒曲及传统工艺。黄酒富含氨基酸、维生素和微量元素，具有滋补功效，常作为秋冬季节驱寒暖身的饮品。在民俗文化中，东源客家黄酒是重要角色，常用于婚丧嫁娶、节庆祭祀和亲友相聚。随着时代发展，制作工艺不断改进创新，但传统韵味和品质始终保留，深受居民和游客喜爱。

十一、东源黄田米酒

东源黄田米酒是东源县黄田镇的特色美酒，以优质糯米为原料，采用传统酿造工艺精心酿制。酿造过程包括淘米、蒸煮、拌曲、发酵、蒸馏等多道工序，每一步都体现酿酒师傅的经验和技艺。东源黄田米酒酒液清澈透明，色泽微黄，香气醇厚，入口绵柔，回味悠长，甜度与酒精含量适中，适合各种场合饮用。它不仅美味，还具有一定的保健功效，如促进血液循环、增强免疫力、缓解疲劳等。在当地，东源黄田米酒常用于宴请宾客、庆祝节日、祭祀祖先等场合，是东源人民生活中不可或缺的一部分，也逐渐被更多人了解和喜爱。

十二、霸王花米粉

河源霸王花米粉是广东省河源市的特色产品，以万绿湖天然净水和精选大米为原料，结合传统工艺与现代技术精制而成。其外观线条均匀、晶莹剔透；口感爽滑柔韧，富有弹性，煮炒皆宜，不易糊汤断裂；味道米香浓郁，原汁原味。霸王花米粉烹饪方式多样，可煮汤、可炒制、可蒸煮，满足早餐、午餐、晚餐需求。它不仅深受河源居民喜爱，还畅销省内外，成为河源美食文化的亮丽名片。

十三、东源蜂蜜

东源蜂蜜源自东源县优质的生态环境和丰富的花卉资源，色泽晶莹剔透，通常为由浅至深的琥珀色。口感醇厚、香甜细腻，不同花期的蜂蜜各具独特风味，如春季百花蜜香气浓郁，夏季荔枝蜜带有果香。东源蜂蜜富含多种维生素、矿物质、氨基酸及酶类，具有滋补、润肺、润肠、增强免疫力等功效。当地养蜂人遵循传统技艺，注重自然生长和采蜜过程，确保蜂蜜纯天然高品质。东源蜂蜜不仅是美味食品，也是当地特色农产品代表，促进经济发展和农民增收。

十四、东源菜干

东源菜干是东源县的特色农产品，以当地新鲜大芥菜为原料，经晾晒和腌制而成，外观棕黄、干燥有韧性。口感上，东源菜干咸香独特，质地柔韧有嚼劲，可与多种食材搭配烹饪，如猪骨、五花肉等，能吸收肉汁，使味道更加丰富。常见做法有菜干煲猪骨汤、菜干焖五花肉，深受人们喜爱。东源菜干易于保存携带，不仅是东源人民日常饮食的常见食材，也是馈赠亲友的佳品。

十五、东源水绿菜

东源水绿菜是东源县的特色蔬菜制品，选用新鲜芥菜为原料，经独特腌制工艺制成；外观呈鲜嫩绿色，菜叶饱满，质地脆嫩；味道酸甜适中，脆爽可口。东源水绿菜既可直接食用，也可用于烹饪，如炒五花肉、煮汤等，增添独特风味。因其独特口感和制作工艺，深受当地居民喜爱，也是外地游客品尝东源特色美食时的必选之一。

11 槎城山茶油非遗宴

第一节 槎城山茶油非遗传统宴

一、山茶油全牛汤

（一）原料组成

牛肚50g，牛肠50g，牛肉丸50g，牛百叶50g，牛肚朕50g，雪花牛肉片50g，牛骨5000g，薄荷20g。

（二）菜肴调料

山茶油50g，盐30g，味精50g，白胡椒粒5g，高山茶油5g，八角5g，香叶5g，辣椒干30g，料酒50g。

（三）制作技艺

1. 将牛肚、牛肠、牛百叶、牛肚朕分别清洗干净沥干水，备用。
2. 起锅烧水，下料酒将牛骨、牛肚、牛肠分别飞水，冲洗干净，备用。
3. 起锅烧水，放入飞好水的牛骨、牛肚、牛肠，用大火烧开，放入山茶油，放入盐、味精、八角、香叶、辣椒干、白胡椒粒，转中小火煲40min，煲至牛肚和牛肠煸软捞出备用。
4. 将牛肚改刀成片，牛肠改刀成段，牛百叶改刀成片，牛肚朕去掉外膜切花刀厚片，雪花牛肉切成片备用。
5. 起锅放入牛骨原汤，烧开先放入牛肚、牛肠、牛肉丸煮开，下适量盐和味精调味，再放入牛肉片、牛百叶、牛肚朕用小火浸熟倒出装盘。撒上薄荷，淋上高山茶油即可。

（四）风味特色

味道浓郁，肉香四溢。

二、山茶油盐干虾

（一）原料组成

沙虾500g，姜30g，葱20g。

（二）菜肴调料

山茶油50g，南乳20g，盐20g，味精10g，料酒20g。

（三）制作技艺

1. 起锅烧水，放入南乳、盐、味精、料酒、姜、葱、山茶油，大火煮开，放入鲜活沙虾灼熟倒出备用。
2. 将灼好的虾放入山茶油捞均匀，用圆碟子将虾摆成圆形备用。
3. 将虾放入微波炉调至高火，用微波炉烤30min至干身，再用油刷刷上山茶油装盘即可。

（四）风味特色

咸香干身，茶油味浓。

三、山茶油无水鸡浸腐竹

（一）原料组成
家鸡1250g（1只），腐竹100g，老姜10g。

（二）菜肴调料
山茶油30g，盐10g，味精8g，生粉5g。

（三）制作技艺
1. 将家鸡宰杀干净，去掉内脏、拔去幼毛，清洗干净，吊干水。腐竹用温水加盐浸泡，老姜切片，备用。
2. 将吊干水的鸡砍成8大件，放入盆中下盐、味精、姜片、生粉，捞拌均匀至起胶质，再下山茶油捞均匀，备用。
3. 将泡好的腐竹改刀成10cm长的段，沥干水放入双层蒸锅的底层。面层均匀地摆上腌制好的家鸡，加上盖子放入蒸柜蒸25min至熟，淋上山茶油即可。

（四）风味特色
一鸡两吃，腐竹鲜甜。

四、山茶油清蒸水鸭仔

（一）原料组成
水鸭仔800g，老姜10g，红葱头10g。

（二）菜肴调料
山茶油30g，盐8g，味精10g，生粉5g。

（三）制作技艺
1. 将水鸭仔宰杀干净，去掉内脏，拔去幼毛，清洗干净，吊干水备用。
2. 将水鸭仔砍成2cm大小的小件，老姜和红葱头拍碎备用。
3. 将水鸭件、老姜、红葱头倒入盆中，下盐、味精、生粉捞拌均匀，捞拌至起胶质，再下山茶油捞均匀，平铺在盘子上备用。
4. 将装好盘的水鸭放入蒸柜，用中大火蒸5min取出翻一下面，再蒸3min至熟取出，淋上山茶油即可。

（四）风味特色
肉质紧实，鲜甜原味。

五、山茶油清焖牛坑腩

（一）原料组成
牛坑腩500g，老姜20g，芹菜10g。

（二）菜肴调料
山茶油30g，盐8g，味精8g，八角2g，香叶2g，辣椒干5g，料酒10g。

（三）制作技艺
1. 将牛坑腩清洗干净，冷水下锅放入适量料酒，大火煮开，飞水除去血沫，捞出清洗干净，备用。
2. 将飞好水的牛坑腩改刀成7cm的厚件，老姜改刀成姜角，芹菜改刀成粒备用。
3. 起锅烧油，倒入牛坑腩用中小火煸炒至干身，色泽金黄倒出备用。
4. 起锅烧油，放入山茶油倒入姜角用小火将姜角炸至外皮焦黄，放入牛坑腩用中小火爆香赞入料酒，放入适量的水，用大火烧开。放入盐、味精调味，再加入八角、香叶、辣椒干，转小火加盖焖煮25min，一起焖煮10min至软烂，转大火收汁，收至浓稠装盘。面上撒上芹菜粒，淋上山茶油即可。

（四）风味特色
软烂入味，清甜鲜香。

六、山茶油生炒甲鱼

（一）原料组成
五年老甲鱼1250g（1只），老姜20g，红葱头10g，蒜子10g，红尖椒10g。

（二）菜肴调料
盐2g，味精6g，鸡粉5g，生抽3g，蚝油3g，料酒10g，胡椒粉5g，生粉3g，山茶油50g。

（三）制作技艺
1. 将甲鱼宰杀干净，去掉油脂，砍成7cm大小的件，清洗干净。老姜改刀成姜角，红葱头和蒜子拍一下，红尖椒切成红椒圈备用。
2. 将甲鱼件放入盆中下盐、味精、生抽、蚝油、鸡粉、胡椒粉、料酒、生粉，捞拌均匀至起胶质，腌制入味备用。
3. 起锅烧油，放入姜角，用小火炸至焦黄，再放入红葱头和蒜子爆香，倒入甲鱼平铺在锅中，加上锅盖赞酒，用中火焗1min，开盖翻面再焗1min开盖，用中小火炒至熟透，倒入红椒圈爆炒，出锅装盘，淋上山茶油即可。

（四）风味特色
爽脆嫩滑，味道鲜香。

七、山茶油烙杂鱼仔

（一）原料组成
山坑杂鱼仔500g，老姜20g，小葱10g。

（二）菜肴调料
盐1g，味精5g，鸡粉5g，生抽3g，蚝油3g，料酒10g，胡椒粉5g，生粉3g，山茶油50g。

（三）制作技艺
1. 将山坑杂鱼仔刮去鱼鳞，去除内脏，清洗干净，沥干水，老姜拍成姜碎，小葱切成葱花，备用。
2. 将山坑杂鱼仔倒入盆中，下盐、味精、鸡粉、生抽、蚝油、胡椒粉、料酒、生粉，捞拌均匀腌制入味备用。
3. 将炒锅烧至大热，淋上山茶油，将杂鱼摆放整齐，用大火均匀煎3min后，转小火加盖烙20min至色泽金黄，翻面用大火均匀煎3min后，用余温烙至色泽金黄干身备用。
4. 将烙好的杂鱼仔放入盘子上，面上撒上姜碎，放入蒸柜蒸5min至热透，撒上葱花，淋上山茶油即可。

（四）风味特色
茶油味浓，酥香鲜甜。

八、山茶油柴鱼豆腐煲

（一）原料组成
盐卤豆腐4块，五花肉100g，干香菇10g，柴鱼皮5g，生黄豆20g，小葱10g。

（二）菜肴调料
盐2g，味精6g，鸡粉5g，生抽3g，蚝油3g，料酒10g，胡椒粉5g，生粉3g，山茶油50g。

（三）制作技艺
1. 将五花肉去皮，加入干香菇，剁成颗粒均匀的猪肉馅，盐卤豆腐一开为二，改刀成豆腐件备用，小葱切葱花。
2. 将剁好的肉馅放入适量盐、鸡粉、味精、胡椒粉、料酒、生粉搅拌均匀，用力摔打上劲备用。
3. 将豆腐件用勺子挖一个小洞，酿入猪肉馅。煲仔底下放柴鱼皮和生黄豆垫底，把酿好的豆腐排整齐备用。
4. 将煲仔内放入八分满的清水，用大火烧开，放入山茶油、盐、味精、胡椒粉调味，再转小火加盖煲8min至肉馅成熟。再用生抽、蚝油、味精、胡椒粉、生粉调一个碗芡，均匀地淋在豆腐面上，撒上葱花，淋上山茶油即可。

（四）风味特色
豆香嫩滑，茶油味香。

九、山茶油炒菜心花

（一）原料组成
河源菜心花750g。

（二）菜肴调料
盐5g，味精6g，生粉5g，山茶油50g。

（三）制作技艺
1. 将菜心花用手择成10cm的段，菜心根部用手撕去老皮，洗干净，沥干水备用。
2. 起锅烧油，倒入菜心花，生炒至断生，放入盐、味精、生粉芡，快速翻炒出锅装盘，淋上山茶油即可。

（四）风味特色
清甜爽口，茶油味浓。

十、山茶油炒和平手工米粉

（一）原料组成
和平手工米粉600g，五花肉50g，土鱿须20g，干香菇20g，包菜50g，绿豆芽50g，鸡蛋2个，小葱30g。

（二）菜肴调料
清汤50g，盐2g，味精6g，鸡粉5g，生抽3g，蚝油3g，老抽3g，料酒10g，胡椒粉5g，生粉3g，山茶油50g。

（三）制作技艺
1. 将和平手米粉用温水浸泡至八成透，沥干水分，干香菇和土鱿须用热水泡透备用。
2. 将五花肉、干香菇、土鱿须、包菜改刀成丝，小葱改刀成葱段备用。
3. 起锅下山茶油爆香五花肉、香菇、土鱿须，赞料酒放入清汤，下盐、味精、鸡粉、生抽、蚝油、胡椒粉、生粉调味，老抽调色，调好肉汤盛起来备用。
4. 将锅烧至大热，用凉油润一下锅，倒入和平手工米粉用中小火烫至焦黄起团捞起备用。留底油，将鸡蛋炒熟备用。
5. 起锅烧油，下山茶油爆香绿豆芽和包菜丝，倒入起团的和平手工米粉和鸡蛋，用调好的肉汤开散，快速翻炒均匀，加入葱段、山茶油，出锅装盘即可。

（四）风味特色
爽口筋道，油香四溢。

第二节 槎城山茶油非遗传承宴

一、山茶油枸杞肉丸猪腰汤

（一）原料组成

猪肉丸200g，猪腰200g，枸杞叶100g，老姜10g。

（二）菜肴调料

盐3g，味精5g，胡椒粉8g，生粉5g，料酒10g，山茶油5g。

（三）制作技艺

1. 将枸杞叶择好，清洗干净，老姜拍碎，备用。
2. 将猪腰剔去外膜，用刀中间一开为二，把猪腰臊去除干净，在面部切麦穗花刀，用水冲干净血水，沥干水备用。
3. 猪腰花下适量盐、味精、胡椒粉、料酒、生粉腌制，备用。
4. 起锅下汤，倒入猪肉丸用大火煮开，转小火倒入猪腰花浸熟，下适量盐、味精、胡椒粉调味，放入山茶油和枸杞叶，起锅装盘，淋上山茶油即可。

（四）风味特色

汤清味美，爽口弹牙。

二、山茶油生焗罗氏虾

（一）原料组成
罗氏虾500g，老姜50g，红葱头30g，蒜子30g，香菜10g，红尖椒10g。

（二）菜肴调料
盐10g，味精10g，二锅头酒50g，胡椒粉10g，山茶油30g。

（三）制作技艺
1. 将罗氏虾剪去虾枪和虾脚，背部用剪刀剪开，挑去虾线清洗干净，沥干水备用。老姜切角，红尖椒切圈，备用。
2. 将沥干水的罗氏虾下山茶油、盐、味精、姜葱、胡椒粉、二锅头酒腌制入味备用。
3. 将砂锅烧热，下山茶油先爆香姜角，姜角爆至微黄时依次倒入蒜子和红葱头爆香，爆至微黄放入罗氏虾摆放整齐加盖。用中小火焗5min至熟，面上撒上香菜和红椒圈，转大火加盖焗1min，淋上二锅头酒即可。

（四）风味特色
鲜香味美，肉质紧实。

三、山茶油药膳蒸乳鸽

（一）原料组成
乳鸽2只，老姜10g，红葱头5g。

（二）菜肴调料
山茶油30g，红枣10g，当归2g，枸杞2g，盐2g，味精5g，胡椒粉6g，生粉3g。

（三）制作技艺
1. 将乳鸽清洗干净，拔去幼毛，沥干水，砍成2cm大小的小件，老姜和红葱头拍碎备用。
2. 将乳鸽件放入盆中，倒入老姜、红葱头、盐、味精、胡椒粉、红枣、当归、枸杞、生粉捞拌均匀，再放入山茶油捞拌均匀平铺在盘子上备用。
3. 将乳鸽放入蒸柜用中大火足汽蒸8min至熟取出，淋上山茶油即可。

（四）风味特色
滋补味美，肉质嫩滑。

四、山茶油腰豆焖牛尾

（一）原料组成
带皮牛尾750g，红腰豆300g，西蓝花50g，老姜30g。

（二）菜肴调料
盐5g，味精10g，生抽5g，蚝油3g，胡椒粉10g，料酒20g，山茶油30g。

（三）制作技艺
1. 将带皮牛尾用火枪烧去牛毛，烧至焦黄，用钢丝球擦洗干净备用。
2. 将带皮牛尾砍成2cm的段，老姜改刀成姜角，西蓝花去掉黄叶，修改成圆形备用。
3. 起锅烧油，下带皮牛尾用中小火煸炒至干身，色泽金黄后倒出备用。
4. 起锅烧油，放入山茶油，倒入姜角，用中小火煸炒至金黄色再倒入牛尾快速煸炒，赞料酒，加入适量的水用大火滚2min至汤色浓白，加入盐、味精、生抽、蚝油、胡椒粉调味，转中小火加盖焖煮35min至肉质软烂。加入红腰豆，转大火收汁，收至汁浓稠，装盘，面上淋上山茶油，用飞好水的西蓝花围边装饰即可。

（四）风味特色
皮爽肉实，原汁原味。

五、山茶油蒸腊鸭

（一）原料组成
茶油腊鸭1000g，姜丝20g，小葱10g。

（二）菜肴调料
山茶油20g，盐5g，味精10g。

（三）制作技艺
1. 起锅烧水，将茶油腊鸭放入锅中，飞水至透身倒出备用。
2. 将腊鸭放入盐和味精拌匀，摆在碟子面上，放上姜丝和小葱，淋上山茶油，放入蒸柜用猛火蒸15min，蒸至熟透取出备用。
3. 将蒸好的腊鸭砍成0.5cm的厚件，腊鸭面上淋上山茶油即可。

（四）风味特色
咸香入味，肉质紧实。

六、山茶油烙蝉蛹

（一）原料组成
蝉蛹30只，龙口粉丝20g。

（二）菜肴调料
山茶油1000g（耗油50g），盐10g。

（三）制作技艺
1. 将蝉蛹清洗干净，沥干水备用。
2. 起锅烧油，油温升至180℃，放入龙口粉丝，炸至涨大，捞出备用。
3. 起锅烧油，倒入山茶油，放入蝉蛹，用中小火慢慢烙至干身，色泽金黄后倒出，撒上盐，捞拌均匀。把炸好的粉丝垫在碟底，烙好的蝉蛹摆在面上即可。

（四）风味特色
鲜香脆口，下酒佳肴。

七、山茶油清蒸大鱼头

（一）原料组成
大鱼头1000g，老姜10g，红葱头10g，小葱10g。

（二）菜肴调料
山茶油50g，盐8g，味精10g，胡椒粉8g，生粉5g。

（三）制作技艺
1. 将大鱼头刮去鱼鳞，去掉鱼鳃，砍成2cm的厚件，清洗干净，沥干水。老姜和红葱头拍碎，小葱切葱花，备用。
2. 将大鱼头件倒入盆中，放入姜碎和红葱头碎，放入盐、味精、胡椒粉捞拌均匀，再加入生粉捞拌均匀，最后放入山茶油捞拌均匀，平铺在碟子里整齐摆好备用。
3. 将摆好的鱼头放入蒸柜，用猛火蒸8min至仅熟，取出。淋上山茶油，撒上葱花即可。

（四）风味特色
肉质滑嫩，鲜香味美。

八、山茶油滑哥豆腐煲

（一）原料组成

滑哥（塘鲺）500g，盐卤豆腐5块，生黄豆50g，五花肉50g，老姜10g，小葱10g。

（二）菜肴调料

山茶油50g，盐10g，味精15g，鸡粉8g，生粉10g，料酒10g，胡椒粉10g。

（三）制作技艺

1. 将滑哥宰杀干净，去骨取肉。骨头砍件，洗净沥干水，小葱改刀成葱花，老姜剁成姜蓉，备用。
2. 将五花肉去皮，和鱼肉一起剁成颗粒分明的肉馅，放入适量盐、味精、胡椒粉、生粉、鸡粉、姜蓉，捞拌均匀，用手用力摔打上劲。鱼骨下适量盐、味精、胡椒粉、生粉、山茶油腌制，备用。
3. 将5块盐卤豆腐一分为二成10件，用小勺在豆腐中间挖个洞，酿入肉馅备用。
4. 起锅烧油，将腌制好的鱼骨煎至两面金黄赞料酒，倒入开水用大火滚2min，滚至汤色浓白，装入砂锅。放入生黄豆垫底，把豆腐整齐地摆在面上，放入适量盐、味精、胡椒粉调味，转中小火煲5min至熟，撒上胡椒粉和葱花，淋上山茶油即可。

（四）风味特色

鲜香滑嫩，豆香扑鼻。

九、山茶油上汤桑叶

（一）原料组成
桑叶400g，猪瘦肉50g，枸杞20g。

（二）菜肴调料
山茶油100g，盐5g，味精8g，料酒10g，胡椒粉5g。

（三）制作技艺
1. 将桑叶清洗干净，沥干水，猪瘦肉剁成肉碎备用。
2. 起锅烧水，下适量山茶油、盐、味精，桑叶飞水倒出，控干水装盘备用。
3. 起锅烧油，爆香肉碎，赞料酒，放入汤用大火烧开，放入适量盐、味精、胡椒粉调味，再放入枸杞，将汤淋在桑叶上，淋上山茶油即可。

（四）风味特色
健康养生，茶油味浓。

十、山茶油炒农家饭

（一）原料组成
农家丝苗米饭600g，河源炸肉50g，香芋50g，农家鸡蛋2个，红葱头10g，小葱20g。

（二）菜肴调料
山茶油50g，盐2g，味精8g，生抽10g，胡椒粉8g。

（三）制作技艺
1. 将炸肉和香芋改刀成小粒，红葱头剁碎，小葱改刀成葱花备用。
2. 起锅烧油，用小火爆香炸肉粒和香芋粒，再爆香红葱头碎，倒入鸡蛋炒香炒散，放入农家丝苗米饭快速翻炒至散。放入盐、味精、生抽、胡椒粉调味，加入山茶油煸炒至干身、干香，撒上葱花装盘即可。

（四）风味特色
干身干香，粒粒分明。

第三节　槎城山茶油非遗宴：历史传承与产业发展

一、历史渊源

公元前219年，50万秦军南征百越，副将赵佗被封到岭南治理龙川。在龙川，赵佗发现茶油具有延年益寿的功效，便命人广泛种植油茶。虽未及将油茶果献给秦始皇，秦朝便已覆灭，但赵佗随后封锁南越自立为王，龙川茶油成为南越王朝的御用油。这50万秦军成为最早的客家先民，在赵佗治理岭南的71年里，客家先民与当地少数民族逐渐融合，油茶得以传承发展，成为龙川人生活的必需品。

二、河源茶油宴特色

1. 山茶油选择

河源茶油宴的核心在于山茶油，它源自当地老油茶树，不饱和脂肪酸含量高达90%，营养丰富且具有独特的香味。不选择大种茶树的大籽茶油。

2. 食材选择

多选取当地新鲜人放天养的食材，如土鸡、河鱼、时蔬等，以保证菜品的原汁原味和地方特色。例如茶油蒸鸡，选用的是河源本地土鸡，肉质鲜嫩多汁。

3. 烹饪方式

（1）煎炒　山茶油的烟点较高，口味独特，适合多种烹饪方式。如河源客家地区逢年过节都会用山茶油来炸制油果、蛋散之类的小吃。茶油生炒牛肉能带出牛肉的鲜甜味。茶油炒时蔬，能使蔬菜保持鲜绿的色泽和脆嫩的口感，还带有茶油的清香。

（2）蒸煮　采用蒸煮方式制作的山茶油蒸鱼，能最大程度地保留鱼的鲜味和营养，入口鲜嫩爽滑，茶油的香味也能更好地融入鱼肉之中。

（3）炖煲　在炖、煲类菜品中加入茶油，如山茶油清煲排骨，使排骨更加滋润醇厚，营养也更为丰富。

三、文化意义

1. 传承传统饮食文化

河源茶油宴历史悠久，是当地饮食文化的重要组成部分，承载着人们对传统技艺和风味的传承与坚守。

2. 体现地方特色

它反映了河源地区的风土人情和物产资源，展现了当地独特的地域文化和民俗风情，是河源一张亮丽的饮食文化名片。

四、河源山茶油产业发展

1. 产业概况

河源山茶油有千年食用历史，不饱和脂肪酸含量高达90%，是油中"贵族"。目前，河源全市油茶林种植面积98.9万亩，2024年完成油茶新造抚育面积10.3万亩。

2. 政策支持

河源市印发《河源市中央财政油茶产业发展示范奖补项目资金管理办法》等配套文件，明确项目资金、绩效管理细则，调动经营主体积极性。还率先在全省出台《深入推进绿美河源生态建设十六条政策措施》，为产业发展提供政策支撑。

3. 科技助力

加强本土油茶种质资源科技攻关，申报《本地油茶新品种挖掘与应用》等科技推广项目，在龙川县枫树坝油茶种质资源库筛选特异性种子，培育特异性苗木，选育本地油茶新品种。以油茶跨县集群产业园项目建设为依托，组建技术支撑团队，推广良种良法、水肥一体化等种植管理模式，提高生产机械化、自动化、智能化水平。

4. 产业融合

一方面，深入挖掘油茶传统底蕴和文化内涵，开发油茶人家、古道、古法榨油作坊等文化产业项目，建成"绿油花果树小镇"等"农文旅"融合示范项目8个。另一方面，推进油茶精加工和深加工产业发展，创新产业链发展模式，加强对茶皂素、茶壳等副产品的综合开发利用，研制出茶油保健品、日用品、化妆品等10多种延伸产品。

5. 品牌建设

率先在全省发布《河源市茶油团体标准》，规范优质河源山茶油的特征性及质量性指标。成功创建"龙川山茶油"国家级区域公用品牌和"云度""绿油"等33个知名品牌，并通过开展油茶"12221"市场营销体系建设行动，拓宽销售渠道，推动产品走向全省、全国。

6. 金融保障

发挥金融扶持效能，畅通金融资源和绿色企业项目对接渠道，搭建政银企信息共享、资金流动平台，全市农商行累计为油茶相关产业链授信2.2亿元。同时，大力推广油茶保险制度，政府补贴70%保费，落实油茶保险保费财政补贴超400万元，为4.58万亩油茶规避风险。

参考文献

[1] 俞彤，杨锦冰，谢剑锋，等. 客家菜点制作［M］. 郑州：郑州大学出版社，2020.
[2] 罗香林. 客家源流考［M］. 北京：中国华侨出版公司，1989.
[3] 刘佐泉. "客家历史"与传统文化［M］. 郑州：河南大学出版社，1991.
[4] 丘桓兴. 客家人与客家文化［M］. 北京：商务印书馆，1998.
[5] 廖君. 非遗美食：梅州客家味道的前世今生［M］. 广州：广东科技出版社，2022.
[6] 河源市青少年宫. 客家非遗传承［M］. 广州：广东教育出版社，2018.
[7] 吕新河，王艳玲. 四时素食格物：非遗烹饪技艺传承与创新［M］. 武汉：华中科学技术大学出版社，2023.
[8] 房学嘉，冷剑波，邬观林，等. 客家河源［M］. 广州：华南理工大学出版社，2012.
[9] 罗土卿主编，连城县客家研究联谊会编. 连城客家美食文化［M］. 厦门：鹭江出版社，2010.
[10] 黎章春. 客家饮食文化研究［M］. 哈尔滨：黑龙江人民出版社，2008.
[11] 宋德剑，罗鑫. 客家饮食［M］. 广州：暨南大学出版社，2015.
[12] 王增能. 客家饮食文化［M］. 福州：福建教育出版社，1995.
[13] 周红兵. 客家饮食文化大观［M］. 北京：中国文史出版社，2014.
[14] 周松芳；傅华总主编. 岭南饮食文化［M］. 广州：广东人民出版社，2019.
[15] 黄明超. 广东省"粤菜师傅"工程培训教材广府风味菜烹饪工艺［M］. 广州：广东科技出版社，2019.
[16] 江西省文化和旅游厅. 美食非遗［M］. 南昌：江西高校出版社，2021.
[17] 司雁人. 河源与客家源流［M］. 南昌：江西人民出版社，2019.
[18] 河源市文化广电旅游体育局. 源·味［M］. 广州：南方日报出版社，2020.
[19] 李存修，湘君. 万绿河源［M］. 广州：广东旅游出版社，2006.
[20] 广东省非物质文化遗产保护中心. 广东省非物质文化遗产名录图典2［M］. 广州：广东人民出版社，2013.
[21] 广东省非物质文化遗产保护中心. 玩转广东非遗出发！［M］. 广州：广东人民出版社，2016.

［22］杨锦冰，谢剑锋，黄勇强. 客家菜点创新与制作［M］. 北京：中国商业出版社，2023.

［23］陈钢文，梁秋生. 广东省"粤菜师傅"工程培训教材客家风味菜烹饪工艺［M］. 广州：广东科技出版社，2019.

［24］张海锋，罗瑞丹. 广东省"粤菜师傅"工程培训教材客家风味点心制作工艺［M］. 广州：广东科技出版社，2019.

［25］广东省职业技术教研室组织编写. 粤菜师傅通用能力读本［M］. 广州：广东科技出版社，2019.